果树病虫害诊断
与防治原色图鉴丛书

苹果病虫害诊断与防治原色图鉴

王江柱　仇贵生　主编

化学工业出版社
·北京·

本书是在总结作者多年科研成果与推广实践的基础上，结合大量生产实践经验及素材编写而成。本书分别介绍了苹果栽培中常见的56种病害和39种害虫的症状诊断或危害特点、害虫形态特征、病虫害发生特点或习性及综合防治技术。全书精选了448张清晰生态照片及41幅重要病虫的防治技术模式图相配合，内容图文并茂，文字通俗易懂，技术易于操作。

本书适合广大农技生产与推广人员、苹果科研人员与种植专业户及农资经营人员等阅读，也可供农业院校果树、植保等专业师生参考。

图书在版编目（CIP）数据

苹果病虫害诊断与防治原色图鉴 / 王江柱，仇贵生主编.
北京：化学工业出版社，2013.12 (2018.2 重印)
（果树病虫害诊断与防治原色图鉴丛书）
ISBN 978-7-122-18776-5

Ⅰ.①苹… Ⅱ.①王… ②仇… Ⅲ.①苹果-病虫害防治-图集 Ⅳ.①S436.611-64

中国版本图书馆CIP数据核字（2013）第251512号

责任编辑：刘　军　　文字编辑：焦欣渝
责任校对：宋　夏　　装帧设计：刘丽华

出版发行：化学工业出版社（北京市东城区青年湖南街13号　邮政编码100011）
印　　装：北京方嘉彩色印刷有限责任公司
880mm×1230mm　1/32　印张6　字数212千字　2018年2月北京第1版第5次印刷

购书咨询：010-64518888（传真：010-64519686）　售后服务：010-64518899
网　　址：http://www.cip.com.cn
凡购买本书，如有缺损质量问题，本社销售中心负责调换。

定　　价:32.00元

主　　编：王江柱　仇贵生

编写人员：（以姓氏笔画为序）

王江柱　仇贵生　闫文涛

孙丽娜　李铁旺　张怀江

周宏宇　解金斗

前言

FOREWORD

截止到2011年我国苹果栽培面积已超过3000万亩，稳居苹果世界第一生产大国之位。鲜食苹果及其加工制品的出口量、出口值均居各水果之首，并呈现持续增长的趋势，是我国农村经济的支柱产业之一，在农业产业结构调整、农民增收致富等方面发挥着重要作用。然而，随着我国经济的全面快速增长，广大人民生活水平的不断提高，消费观念和饮食结构的不断改善，以及苹果市场的逐渐国际化，对苹果的外观质量和内在品质要求越来越高，给苹果产业的发展带来了前所未有的机遇和挑战。面对国际市场的激烈竞争，虽然我国是世界上第一苹果生产大国，但优质果率仅占总产量的30%、高档果不足10%，而美国、日本等国苹果的优质果率达到70%，可供出口的高档果占50%左右。因此，为了实现我国苹果生产由数量型向质量型、效益型的根本转变，为了推进生产无害化苹果，科学解决生产中的病虫害问题，推广无害化综合防治技术与选用优质无公害农药等，最终实现由苹果生产大国转向苹果生产强国的目标，在化学工业出版社的积极筹措下，我们组织编写了这本图文并茂的图鉴。

全书分为病害和害虫两章，以图文相结合的形式进行论述，文字内容力求通俗易懂，技术操作尽量简便。彩色图片精准清晰，一目了然，便于病虫害种类甄别与确诊。本书共精选了病虫害生态及防治原图448张，其中病害部分271张、害虫部分177张，绝大多数为作者多年来的精心积累，更有许多图片属“可遇而不可求”的真品。另外，为了使防治技术措施更加直观、简便，还对重要病虫害的防治技术绘制了“防治技术模式图”（20种病害、21种害虫），图中生育期与月份的对应关系因南北方地域不同会有一定差异，因此请主要以生育期为准进行参考。

不同病虫害化学防治的农药品种选择，我们以2012年中华人民共和国卫生部和农业部联合发布的《食品安全国家标准——食品中农药最大残留限量》（GB 2763—2012）的要求为参考。所涉及推荐农药的使用浓度或使用量，会因苹果品种、栽培方式、生长时期、栽培地域生态环境条件的不同而有一定的差异。因此，实际使用过程中，以所购买产品的使用说明书为准，或在当地技术人员指导下进行使用。

在本书编写过程中，得到了河北农业大学科教兴农中心、中国农业科学院（兴城）果树研究所的大力支持与指导，在此表示诚挚的感谢！同时也向主要参考文献的作者表示深深的谢意！

由于作者的研究工作、生产实践经验及所积累的技术资料还十分有限，书中不足之处在所难免，恳请各位同仁及广大读者予以批评指正，以便今后不断修改、完善，在此深致谢意！

编者

2013 年 8 月

CONTENTS

目录

>>> 第一章 病害诊断与防治

第二章 害虫诊断与防治

参考文献

第一章

病害诊断与防治

白纹羽病

症状诊断 白纹羽病主要为害根部，多从细支根开始发生，逐渐向上扩展到主根基部，很少扩展到根颈部及地面以上。发病后的主要症状特点是：病根表面缠绕有白色或灰白色网状菌丝，有时呈灰白色至灰褐色的菌丝膜或菌索状（彩图1、彩图2）；病根皮层腐烂，木质部腐朽，但栓皮不腐烂，呈壳状套于根外；烂根无特殊气味，腐朽木质部表面有时可产生黑色菌核。轻病树树势衰弱，发芽晚，落叶早；重病树枝条枯死，甚至全树死亡。

发生特点 白纹羽病是一种高等真菌性病害，病菌寄主范围较广，可侵害苹果、梨、桃、杏、桑、榆等多种果树、林木及花生、甘薯等。病菌以菌丝、菌索及菌核在田间病株、病残体及土壤中越冬，菌核、菌索在土壤中可存活5～6年。生长季节，病菌可直接穿透根皮侵染为害，也可从伤口进行侵染。近距离传播主要通过病健根接触、病残体及带菌土壤的移动而进行；远距离传播为带菌苗木的调运。

老果园、旧林地、河滩地及古墓坟场改建的果园容易发生白纹羽病，间套种花生、甘薯等寄主植物可加速该病的扩散蔓延及加重危害程度。

彩图1 白纹羽病在病根表面的白色菌丝膜

彩图2 白纹羽病在根颈部表面的白色菌索

防治技术

（1）**苗木检验与消毒** 调运苗木时应严格进行检查，最好进行产地检验，杜绝使用病苗圃的苗木，已经调入的苗木要彻底剔除病苗并对剩余苗木进行消毒处理。一般使用50%多菌灵可湿性粉剂600～800倍液、70%甲基托布津可湿性粉剂800～1000倍液或77%多宁（硫酸铜钙）可湿性粉剂600～800倍液浸苗3～5分钟，然后栽植。

（2）**加强栽培管理** 育苗或建园时，尽量不选用老苗圃、老果园、旧林地、河滩地及古墓坟场等场所，如必须使用这些场所时，首先要彻底清除树桩、残根、烂皮等带病残体，然后再对土壤进行翻耕、覆膜暴晒、灌水或轮作，促进残余病残体的腐烂分解。增施有机肥及农家肥，培强树势，提高树体伤口愈合能力及抗病能力。另外，行间避免间套作花生、甘薯等白纹羽病的寄主植物，以防传入病菌及促进病菌扩散蔓延。

（3）**及时治疗病树** 发现病树后首先找到发病部位，将病部彻底刮除干净，并将病残体彻底清到园外销毁，然后涂药保护伤口，如2.12%腐植酸铜水剂原液、30%龙灯福连（戊唑•多菌灵）悬浮剂100～200倍液、77%多宁（硫酸铜钙）可湿性粉剂100～200倍液等。另外，也可根部灌药对轻病树进行治疗，有效药剂有45%代森铵水剂500～600倍液、50%美派安（克菌丹）可湿性粉剂500～600倍液、60%统佳（铜钙•多菌灵）可湿性粉剂400～600倍液、70%甲基托布津可湿性粉剂800～1000倍液、50%多菌灵可湿性粉剂600～800倍液等。浇灌药液量因树体大小而异，以药液将整株根区渗透为宜。

（4）**其他措施** 发现病树后，应挖封锁沟对病树进行封闭，防止病健根接触传播，一般沟深50～60厘米、宽30～40厘米。病树治疗后及时进行根部桥接或换根，促进树势恢复。

白绢病

症状诊断 白绢病主要为害根颈部。发病初期，在根颈部表面产生白色菌丝，表皮呈水渍状褐色病斑；逐渐菌丝覆盖整个根颈部，呈丝绢状，潮湿条件下，菌丝可蔓延至周围地面及杂草上；后期根颈部皮层腐烂，有浓烈的酒糟味，并可溢出褐色汁液（彩图3）。病株枝条节间短，叶片小而黄。皮层腐烂绕茎一周后，导致全株衰弱甚至枯死。秋季，病根表面、土壤周围缝隙及杂草上可长出许多茶褐色菜籽状菌核（彩图4）。偶尔也可为害叶片，在叶片上形成近圆形轮纹状病斑（彩图5）。

彩图 3　白绢病在树干下部表面产生白色绢状菌丝

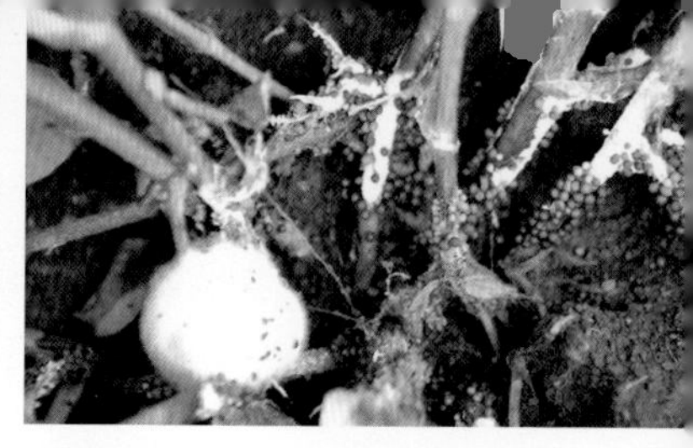
彩图 4　白绢病的大量菌核（花生上）

彩图 5　白绢病在叶片上的病斑

发生特点　白绢病是一种高等真菌性病害，病菌寄主范围比较广泛，可侵害苹果、梨、桃、葡萄、树木、花生、大豆、甘薯等多种植物。病菌主要以菌核在土壤中越冬，也可以菌丝在田间病株及病残体上越冬，菌核在土壤中可存活 5 ～ 6 年。菌核萌发后，通过各种伤口或直接侵入根颈部。菌丝蔓延、菌核随雨水或灌溉水及农事活动的移动，是近距离传播的主要途径；远距离传播主要靠带菌苗木的调运。

高温、高湿是白绢病发生的重要条件，酸性土壤利于病害发生，前作为树木、花生、大豆、甘薯及茄科作物的果园容易发病，果园内间套种花生、大豆、甘薯等病菌的寄主植物可加重该病的蔓延为害。

防治技术

（1）**培育和利用无病苗木**　不要用旧林地、花生地、大豆地及瓜果蔬菜地育苗，最好选用前茬为禾本科作物的地块作苗圃。调运和栽植前应仔细检验苗木，发现病苗彻底烧毁，剩余苗木进行药剂消毒处理。苗木消毒方法同“白纹羽病”。

（2）**治疗病树**　发现病树后及时对患病部位进行治疗。在彻底刮除病变组织的基础上涂药保护伤口，彻底销毁病残体，并药剂处理病树穴。保护伤口可用 1%硫酸铜溶液、77%多宁（硫酸铜钙）可湿性粉剂 300 ～ 400 倍液或 60%统佳（铜钙·多菌灵）可湿性粉剂 300 ～ 400 倍液等；处理病树穴可用 77%多宁可湿性粉剂 500 ～ 600 倍液、60%统佳可湿性粉剂 500 ～ 600 倍液或 45%代森铵水剂 500 ～ 600 倍液等进行浇灌。

（3）**及时桥接**　病树治疗后及时进行桥接，促进树势恢复。

根朽病

症状诊断　根朽病又称根腐病，主要为害根部，造成根部皮层腐烂。该病初发部位不定，但均首先迅速扩展到根颈部，再从根颈部向周围蔓延，甚至向树干上部扩展。发病后的主要症状特点是：皮层与木质部间及皮层内部充满白色至淡黄褐色的菌丝层，菌丝层先端呈扇状向外扩展，新鲜菌丝层在黑暗处有蓝绿色荧光（彩图 6、彩图 7）；病皮显著加厚并有弹性，有浓烈的蘑菇味，由于皮层内充满菌丝而使皮层分成许多薄片；发病后期，病部皮层腐烂，木质部腐朽，雨季或潮湿条件下病部或断根处可丛生蜜黄色的蘑菇状病菌结构。轻病树叶小、色淡，叶缘卷曲，新梢生长量小；重病树发芽晚，落叶早，枝条枯死，甚至全株死亡（彩图 8）。

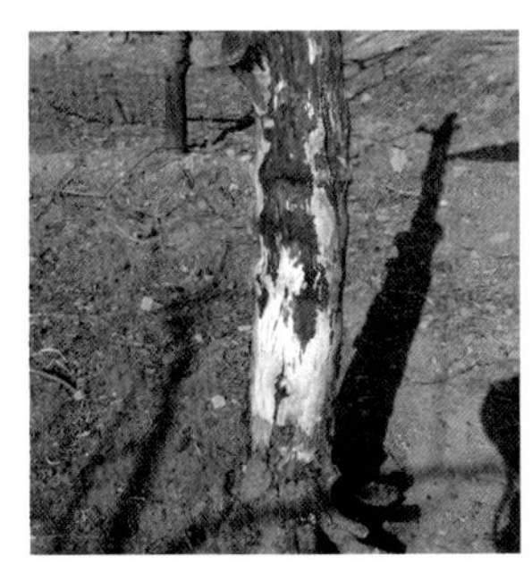

彩图 6　皮层与木质部间的黄白色菌丝层

彩图 7　病树木质部表面的扇形菌丝层

彩图 8　根朽病病树发芽、开花晚

发生特点　根朽病是一种高等真菌性病害，病菌寄主范围非常广泛，可侵害苹果、梨、桃、枣、板栗、榆、槐、杨等 300 余种果树及林木。病菌主要以菌丝体在田间病株及病残体上越冬，并可随病残体存活多年，残体腐烂分解后病菌死亡。病健根接触及病残体移动是病害传播蔓延的主要方式，病菌直接侵染或从伤口侵染。该病多发生在由旧林地、河滩地及古墓坟场改建的果园中，前茬没有种过树的果园很少受害。

防治技术

（1）**注意果园前作及土壤处理**　新建果园时，不要选择旧林地及树木较多的河滩地、古墓坟场等场所。如必须在这样的地块建园时，首先要彻底清除树桩、残根、烂皮等树木残体，然后对土壤进行灌水、翻耕、晾晒、休闲等，以促进残余树木残体腐烂分解、病菌死亡。有条件的也可夏季土壤盖膜高温闷闭，利用太阳热能杀死病菌。另外，还可用福尔马林 200 倍液浇灌土壤，然后盖膜熏蒸杀菌，待药剂充分散发后栽植苗木。

（2）**及时治疗病树** 发现病树后，首先挖开根颈部周围寻找发病部位，彻底刮除或去除病组织，并将病残体彻底清除干净，集中烧毁；然后涂抹 77%多宁（硫酸铜钙）可湿性粉剂 100 ～ 200 倍液、60%统佳（铜钙·多菌灵）可湿性粉剂 100 ～ 200 倍液、2.12%腐植酸铜水剂原液、1%～ 2%硫酸铜溶液、3 ～ 5 波美度石硫合剂或 45%石硫合剂晶体 30 ～ 50 倍液等药剂，保护伤口。轻病树或难以找到发病部位时，也可直接采用打孔、灌施福尔马林的方法进行治疗。在树冠正投影范围内每隔 20 ～ 30 厘米扎一孔径 3 厘米、孔深 30 ～ 50 厘米的孔洞，每孔洞灌入 200 倍的福尔马林溶液 100 毫升，然后用土封闭药孔即可。注意，弱树及夏季高温季节不宜灌药治疗，以免发生药害。

（3）**其他措施** 发现病树后，挖封锁沟封闭病树，防止扩散蔓延，一般沟深 50 ～ 60 厘米、沟宽 30 ～ 40 厘米左右。病树治疗后，增施肥水，控制结果量，及时换根或根部嫁接，促进树势恢复。

圆斑根腐病

症状诊断 圆斑根腐病主要为害须根和小根，严重时也可蔓延至大根。初期，须根变褐枯死，在小根上围绕须根基部形成红褐色至黑褐色圆斑，病部皮层腐烂，深达木质部。多个病斑相连后，导致整段小根变黑死亡。轻病树病根可反复产生愈伤组织和再生新根，使病健组织彼此交错，病根表面凹凸不平。病树地上部症状表现较复杂，可分为叶片及花萎蔫型、叶片青枯型、叶缘焦枯型、枝条枯死型等（彩图 9 ～彩图 11）。

彩图9 圆斑根腐病在小根上的坏死斑

彩图 10 圆斑根腐病导致嫩梢青枯

发生特点 圆斑根腐病是一种高等真菌性病害，病菌都是土壤习居菌，可在土壤中长期腐生，当根系衰弱时便发生侵染，导致树体受害。地块低洼、营养不足、有机质贫乏、长期主要施用化肥、土壤板结、地势盐碱、排灌不良、土壤通透性差、大小年严重等，一切导致树势衰弱的因素，均可诱发病菌对根系的侵害，造成该病发生。

彩图 11 圆斑根腐病导致叶缘焦枯

防治技术 以增施有机肥、微生物肥料及农家肥、改良土壤、增强树势、提高树体抗病能力为重点，对病树及时治疗。

（1）**加强栽培管理** 增施有机肥、微生物肥料及农家肥，合理施用氮、磷、钾肥，科学配合中微量元素肥料，提高土壤有机质含量，改良土壤，促进根系生长发育。深翻树盘，中耕除草，防止土壤板结，改善土壤不良状况。雨季及时排除果园积水，降低土壤湿度。科学结果量，保持树势健壮。

（2）**对病树的治疗** 轻病树通过改良土壤即可促使树体恢复健壮，重病树需要辅助灌药治疗。治疗效果较好的药剂有：77%多宁（硫酸铜钙）可湿性粉剂 500 ～ 600 倍液、50%美派安（克菌丹）可湿性粉剂 500 ～ 600 倍液、60%统佳（铜钙·多菌灵）可湿性粉剂 500 ～ 600 倍液、45%代森铵水剂 500 ～ 600 倍液、70%甲基托布津可湿性粉剂或 500 克 / 升悬浮剂 800 ～ 1000 倍液、500 克 / 升统旺（多菌灵）悬浮剂 600 ～ 800 倍液等。

紫纹羽病

症状诊断 紫纹羽病主要为害根部，多从细支根开始发生，逐渐向上扩展到主根基部及根颈部，甚至地面以上。该病的主要症状特点是：病根表面缠绕有许多淡紫色至紫红色菌丝或菌索，有时在病部周围也可产生暗紫色的厚绒毡状菌丝膜，后期病根表面还可产生紫红色的半球状菌核（彩图 12 ～彩图 14）。病根皮层腐烂，木质部腐朽，但栓皮不腐烂呈鞘状套于根外，捏之易破碎，烂根有浓烈蘑菇味。轻病树，树势衰弱，发芽晚，叶片黄而早落（彩图 15）；重病树，枝条枯死，甚至全树死亡。

彩图 12　病根表面的紫色菌索

彩图 13　病树基部表面产生紫色菌丝膜

彩图 14　病树茎基部表面产生紫色半球状菌核

彩图 15　紫纹羽病病树生长衰弱

发生特点　紫纹羽病是一种高等真菌性病害，病菌寄主范围比较广泛，可侵害苹果、梨、桃、枣、槐、甘薯、花生等多种果树、林木及农作物。病菌以菌丝、菌索、菌核在田间病株、病残体及土壤中越冬，菌索、菌核在土壤中可存活 5 ～ 6 年。在果园中，该病主要通过病健根接触、病残体及带菌土壤的移动进行传播；远距离传播主要通过带菌苗木的调运。病菌直接穿透根表皮进行侵染，也可从各种伤口侵入为害。刺槐是紫纹羽病菌的重要寄主，靠近刺槐或旧林地、河滩地、古墓坟场改建的果园易发生紫纹羽病；果树行间间作甘薯、花生的果园容易导致该病的发生与蔓延；地势低洼、易潮湿积水的果园受害严重。

防治技术 培育和利用无病苗木、注意果园前作与间作，是预防紫纹羽病发生的关键措施；及时发现并治疗病树，是避免死树的重要措施。

（1）**培育和利用无病苗木** 不要用发生过紫纹羽病的老果园、旧苗圃和种过刺槐的旧林地作苗圃。调运苗木时，要进行苗圃检查，坚决不用有病苗圃的苗木。定植前仔细检验，发现病苗必须彻底淘汰并烧毁，同时对剩余苗木进行药剂消毒处理。一般使用77％多宁（硫酸铜钙）可湿性粉剂300～400倍液或0.5％硫酸铜溶液浸苗3～5分钟，即有较好的杀菌效果。

（2）**注意果园的前作与间作** 尽量不要使用旧林地、河滩地、古墓坟场改建果园，必须使用这样的场所时，则应在彻底清除各种病残体的基础上做好土壤消毒处理。方法为：休闲或轮作非寄主植物3～5年，促进土壤中存活的病菌死亡；或夏季用塑料薄膜密闭覆盖土壤，高温闷杀病菌。另外，不要在果园内间作甘薯、花生等紫纹羽病菌的寄主植物，防止间作植物带菌传病。

（3）**及时治疗病树** 发现病树找到患病部位后，首先要将病部组织彻底刮除干净，并将病残体彻底清到园外烧毁，然后涂药保护伤口，如2.12％腐植酸铜水剂原液、77％多宁（硫酸铜钙）可湿性粉剂100～200倍液、70％甲基托布津可湿性粉剂100～200倍液、45％石硫合剂晶体30～50倍液等；其次，对病树根区土壤进行灌药消毒，效果较好的有效药剂有：45％代森铵水剂500～600倍液、77％多宁可湿性粉剂500～600倍液、50％美派安（克菌丹）可湿性粉剂500～600倍液、60％统佳（铜钙·多菌灵）可湿性粉剂500～600倍液等。灌药液量因树体大小而异，以药液将病树主要根区渗透为宜。

（4）**加强栽培管理** 增施有机肥、微生物肥料及农家肥，培强树势，促进树体伤口愈合，提高树体抗病能力。病树治疗后及时根部桥接或换根，促进树势恢复；发现病树后，在病树周围挖封锁沟（沟深30～40厘米、沟宽20厘米左右），防止病害蔓延。

根癌病

症状诊断 根癌病主要发生在根颈部，也可发生在侧根、支根甚至地面以上。其主要症状特点是在发病部位形成肿瘤。肿瘤多不规则，大小差异很大，小如核桃、大枣，大到直径数十厘米。初生肿瘤乳白色或略带红色，柔软，后逐渐变褐色至深褐色，木质化而坚硬，表面粗糙或凹凸不平（彩图16、彩图17）。病树根系发育不良，地上部生长衰弱。

彩图 16 根癌病在支根上的病瘤

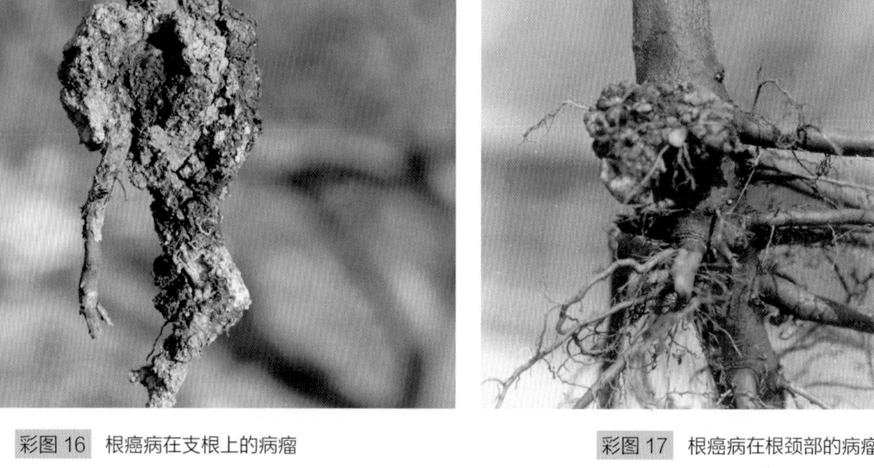

彩图 17 根癌病在根颈部的病瘤

发生特点 根癌病是一种细菌性病害，病菌寄主范围非常广泛，可侵害苹果、梨、桃、杏、樱桃、葡萄、枣、板栗等多种果树及林木。病菌在病组织的皮层内及土壤中越冬，在土壤中可存活1年以上，主要通过雨水和灌溉水进行传播，远距离传播主要靠带病苗木的调运。病菌通过各种伤口进行侵染，尤以嫁接伤口最为重要。细菌侵入后，将其致病因子Ti质粒传给寄主细胞，使之成为不断分裂的转化细胞，逐渐形成肿瘤。即使病组织中不再有病菌生存，仍可形成肿瘤。碱性土壤有利于病害发生，嫁接口越低及嫁接伤口越大，发病可能性越高。

防治技术

（1）**培育无病苗木** 不用老苗圃、老果园，尤其是发生过根癌病的地块作苗圃；苗木嫁接时提倡芽接法，尽量避免使用切接、劈接；栽植时使嫁接口高出地面，避免嫁接口接触土壤；碱性土壤育苗时，应适当施用酸性肥料或增施有机肥，降低土壤酸碱度；注意防治地下害虫，避免造成伤口。

（2）**加强苗木检验与消毒** 苗木调运或栽植前要进行检查，发现病苗必须淘汰并销毁，表面无病的苗木也应进行消毒处理。一般使用1%硫酸铜溶液、77%多宁（硫酸铜钙）可湿性粉剂200～300倍液或生物农药K84浸根3～5分钟。

（3）**病树治疗** 大树发现病瘤后，首先将病组织彻底刮除，然后用1%硫酸铜溶液、77%多宁可湿性粉剂200～300倍液、72%农用链霉素可溶性粉剂1000～1500倍液或生物农药K84消毒伤口，再外加凡士林保护。刮下的病组织必须彻底清理并及时烧毁。

毛根病

彩图 18　毛根病导致病根呈毛发状丛生

症状诊断　毛根病主要为害根部，其主要症状特点是在根颈部产生成丛的毛发状细根（彩图 18）。有时细根密集，使病根呈“刷子”状。由于根部发育受阻，病树生长衰弱，但一般不易造成死树。

发生特点　毛根病是一种细菌性病害，病菌在病树根部和土壤中越冬，土壤中越冬的病菌可存活 1 年以上。近距离传播主要靠雨水及灌溉水的流动，土壤中的昆虫、线虫也有一定传播作用，但传播距离有限；远距离传播主要通过带菌苗木的调运。病菌从伤口侵染根部，在根皮内繁殖，并产生吲哚类物质刺激根部，形成毛根。碱性土壤病重，土壤高湿有利于病菌侵染。

防治技术

（1）**培育无病苗木**　不用老苗圃、老果园，尤其是发生过毛根病的地块作苗圃。在盐碱地上育苗时，应增施有机肥或酸性肥料，降低土壤 pH 值。雨季注意及时排水，防止土壤过度积水。

（2）**苗木检验与消毒**　苗木调运或栽植前要进行严格检验，发现病苗必须淘汰并销毁，表面无病的苗木还要进行消毒处理。一般使用 1%硫酸铜溶液或 77%多宁（硫酸铜钙）可湿性粉剂 200 ～ 300 倍液浸根 3 ～ 5 分钟。

（3）**病树治疗**　发现病树后，首先将病根彻底刮除，并将刮下的病根集中销毁，然后伤口涂抹石硫合剂、农用链霉素或多宁进行保护。严重地块或果园，还可用 72%农用链霉素可溶性粉剂 5000 ～ 6000 倍液、77%多宁可湿性粉剂 600 ～ 800 倍液或 80%代森锌可湿性粉剂 500 ～ 600 倍液浇灌病树根际土壤，进行土壤消毒。

腐烂病

症状诊断 腐烂病主要为害主干、主枝，也可为害侧枝、辅养枝及小枝，严重时还可侵害果实。其主要症状特点为：受害部位皮层腐烂，腐烂皮层有酒糟味，后期病斑表面散生小黑点（病菌子座），潮湿条件下小黑点上可冒出黄色丝状物（孢子角）。

在枝干上，根据病斑发生特点分为溃疡型和枝枯型两种类型病斑。

彩图 19 主干上的溃疡型新鲜腐烂病斑

彩图 20 在枝杈处开始发生的溃疡型腐烂病斑

彩图 21 从修剪伤口周围开始发生的溃疡型腐烂病斑

（1）**溃疡型** 多发生在主干、主枝等较粗大的枝干上，以枝、干分杈处及修剪伤口处发病较多（彩图 19 ～彩图 21）。初期，病斑红褐色，微隆起，水渍状，组织松软，并可流出褐色汁液，病斑椭圆形或不规则形，有时呈深浅相间的不明显轮纹状；剥开病皮，整个皮层组织呈红褐色腐烂，并有浓烈的酒糟味（彩图 22）。病斑出现 7 ～ 10 天后，病部开始失水干缩、下陷，变为黑褐色，酒糟味变淡，有时边缘开裂。约半个月后，撕开病斑表皮，可见皮下聚有白色菌丝层及小黑点；后期，小黑点顶端逐渐突破表皮，在病斑表面呈散生状；潮湿时，小黑点上产生橘黄色卷曲的丝状物，俗称“冒黄丝”（彩图 23 ～彩图 26）。当病斑绕枝干一周时，造成整个枝干枯死（彩图 27）；严重时，导致死树甚至毁园（彩图 28）。

彩图 22 溃疡型腐烂病斑的病组织呈红褐色腐烂

彩图 23　腐烂病斑表皮下开始产生小黑点

彩图 24　腐烂病斑表面散生许多小黑点

彩图 25　腐烂病斑的小黑点上开始产生黄色丝状物

彩图 26　腐烂病斑表面的橘黄色丝状物

彩图 27　腐烂病导致大结果枝枯死

彩图 28　腐烂病导致果园毁灭

（2）**枝枯型**　多发生在较细的枝条上，常造成枝条枯死。这类病斑扩展快，形状不规则，皮层腐烂迅速绕枝一周，导致枝条枯死，形成枯枝。有时枝枯病斑的栓皮易剥离。后期，病斑表面也可产生小黑点，并冒出黄丝（彩图 29、彩图 30）。

果实受害，多为果枝发病后扩展到果实上所致。病斑红褐色，圆形或不规则形，常有同心轮纹，边缘清晰，病组织软烂，略有酒糟味（彩图 31）。后期，病斑上也可产生小黑点及冒出黄丝，但比较少见。

彩图 30 枝枯型病斑导致小枝枯死

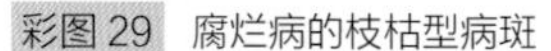

彩图 29 腐烂病的枝枯型病斑

彩图 31 腐烂病在果实上的为害状

发生特点 腐烂病是一种高等真菌性病害，病菌主要以菌丝、子座及孢子角在田间病株、病斑及病残体上越冬，属于苹果树上的习居菌。病斑上的越冬病菌可产生大量病菌孢子（黄色丝状物），主要通过风雨传播，从各种伤口侵染为害，尤其是带有死亡或衰弱组织的伤口易受侵害，如剪口、锯口、虫伤、冻伤、日灼伤及愈合不良的伤口等。病菌侵染后，当树势强壮时处于潜伏状态，病菌在无病枝干上潜伏的主要场所有落皮层、干枯的剪口、干枯的锯口、愈合不良的各种伤口、僵芽周围及虫伤、冻伤、枝干夹角等带有死亡或衰弱组织的部位。当树体抗病力降低时，潜伏病菌开始扩展为害，逐渐形成病斑。

在果园内，腐烂病发生每年有两个为害高峰期，即“春季高峰”和“秋季高峰”。春季高峰主要发生在萌芽至开花阶段，该期内病斑扩展迅速，病组织较软，病斑典型，为害严重，病斑扩展量占全年的70%～80%，新病斑出现数占全年新病斑总数的60%～70%，是造成死枝、死树的重要为害时期。秋季高峰主要发生在果实迅速膨大期及花芽分化期，相对春季高峰较小，病斑扩展量占全年的10%～20%，新病斑出现数占全年的20%～30%，但该期是病菌侵染落皮层的重要时期。

腐烂病的发生轻重主要受六个方面因素影响：

（1）**树势** 树势衰弱是诱发腐烂病的最重要因素之一，即一切可以削弱树势的因素均可加重腐烂病的发生，如树龄较大、结果量过多、发生冻害、早期落叶病发生较重、速效化肥使用量偏多等。

（2）**落皮层** 落皮层是病菌潜伏的主要场所，是造成枝干发病的重要桥梁。据调查，8 月份以后枝干上出现的新病斑或坏死斑点 80% 以上来自于落皮层侵染，尤其是粘连于皮层的落皮层。所以落皮层的多少决定腐烂病发生的轻重。

（3）**伤口** 伤口越多，发病越重，带有死亡或衰弱组织的伤口最易感染腐烂病，如干缩的剪口、干缩的锯口、冻害伤口、落皮伤口、老病斑伤口等。

（4）**潜伏侵染** 潜伏侵染是腐烂病的一个重要特征，树势衰弱时，潜伏侵染病菌是导致腐烂病爆发的主要因素。

（5）**木质部带菌** 病斑下木质部及病斑皮层边缘外木质部的一定范围内均带有腐烂病菌，这是导致病斑复发的主要原因。

（6）**树体含水量** 初冬树体含水量高，易发生冻害，加重腐烂病发生；早春树体含水量高，抑制病斑扩展，可减轻腐烂病发生。

防治技术 腐烂病的防治以壮树防病为中心，以铲除树体潜伏病菌为重点，结合及时治疗病斑、减少和保护伤口、促进树势恢复等为基础。

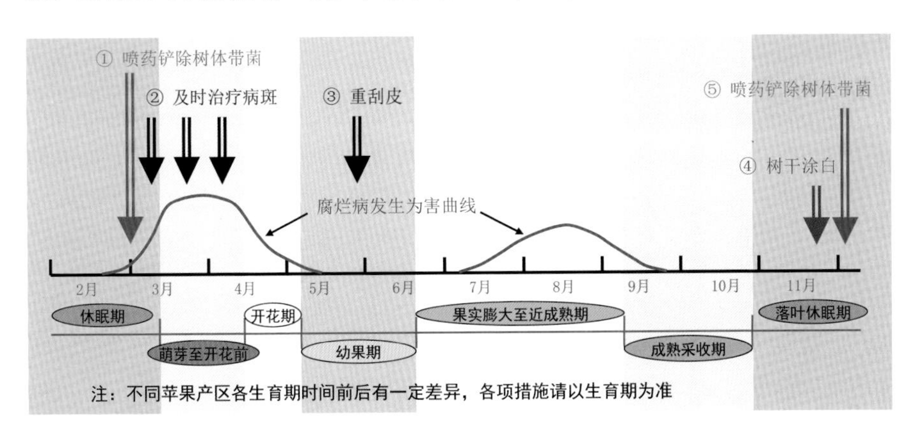

（1）**加强栽培管理，提高树体的抗病能力** 实践证明，科学结果量、科学施肥（增施有机肥及农家肥，避免偏施氮肥，按比例施用氮、磷、钾、钙等速效化肥）、科学灌水（秋后控制浇水，减少冻害发生；春季及时灌水，抑制春季高峰）及保叶促根，以增强树势、提高树体抗病能力，是防治腐烂病的最根本措施。

（2）**铲除树体带菌，减少潜伏侵染** 落皮层、皮下干斑及湿润坏死斑、病斑周围的干斑、树杈夹角皮下的褐色坏死点、各种伤口周围等，都是腐烂病菌潜伏的主要场所。及早铲除这些潜伏病菌，对控制腐烂病发生为害效果显著。

① 重刮皮。一般在 5 ～ 7 月份树体营养充分时进行，冬、春不太寒冷的

地区春、秋两季也可刮除。但重刮皮有削弱树势的作用，水肥条件好、树势旺盛的果园比较适合，弱树不能进行；且刮皮前后要增施肥水，补充树体营养。刮皮方法：用锋利的刮皮刀将主干、主枝及大侧枝表面的粗皮刮干净，刮到树干“黄一块、绿一块”的程度，千万不要露白（木质部）；如若遇到坏死斑要彻底刮除，不管黄、绿、白（彩图32～彩图34）。刮下的树皮组织要集中深埋或销毁，但刮皮后千万不要涂药，以免发生药害。

彩图32 苹果树枝干表面的落皮层

彩图33 发芽前刮除树体上的落皮层

彩图34 落皮层刮除程度

② 药剂铲除。重病果园1年2次用药，即落叶后初冬和萌芽前各1次；轻病果园，只一次药即可，一般落叶后比萌芽前喷药效果较好。对腐烂病菌铲除效果好的药剂有：30%龙灯福连（戊唑•多菌灵）悬浮剂400～600倍液、77%多宁（硫酸铜钙）可湿性粉剂200～300倍液、60%统佳（铜钙•多菌灵）可湿性粉剂300～400倍液、45%代森铵水剂200～300倍液等。喷药时，若在药液中加入渗透助剂如有机硅系列等，可显著提高对病菌的铲除效果。

（3）**及时治疗病斑** 病斑治疗是避免死枝、死树的主要措施，目前生产上常用的治疗方法主要有刮治法、割治法和包泥法。病斑治疗的最佳时间为春季高峰期内，该阶段病斑既软又明显，易于操作；但总体而言，应立足于及时发现、及时治疗，治早、治小。

① 刮治。用锋利的刮刀将病变皮层彻底刮掉，且病斑边缘还要刮除1厘米左右好组织，以确保彻底。技术关键为：刮彻底；刀口要光滑，不留毛茬，不拐急弯；刀口上面和侧面皮层边缘呈直角，下面皮层边缘呈斜面（彩图35、彩图36）。刮后病组织集中销毁，然后病斑涂药，药剂边缘应超出病斑边缘1.5～2厘米，1个月后再补涂1次（彩图37）。常用有效涂抹药剂有：2.12%腐植酸铜水剂原液、21%过氧乙酸水剂3～5倍液、30%龙灯福连悬浮剂100～150倍液、甲托油膏［70%甲基托布津可湿性粉剂：植物油＝1：（15～20）］及石硫合剂等。

彩图 35　腐烂病斑的刮治

彩图 36　腐烂病斑刮治后的状况

② 割治。即用切割病斑的方法进行治疗。先削去病斑周围表皮，找到病斑边缘，然后用刀沿边缘外 1 厘米处划一深达木质部的闭合刀口，再在病斑上纵向切割，间距 0.5 厘米左右（彩图 38）。切割后病斑涂药，但必须涂抹渗透性或内吸性较强的药剂，且药剂边缘应超出闭合刀口边缘 1.5 ～ 2 厘米，半月左右后再涂抹 1 次。效果较好的药剂有上述的腐植酸铜、过氧乙酸、龙灯福连、甲托油膏等。

③ 包泥。在树下取土和泥，然后在病斑上涂 3 ～ 5 厘米厚一层，外围超出病斑边缘 4 ～ 5 厘米，最后用塑料布保扎并用绳捆紧即可（彩图 39）。一般 3 ～ 4 个月后就可治好（彩图 40）。包泥法的技术关键为：泥要黏，包要严。

彩图 37　腐烂病斑刮治后表面涂药

彡图 38　腐烂病斑的割治法治疗

彩图 39　腐烂病斑的包泥法治疗

彩图 40　包泥法治愈后的腐烂病斑

（4）**及时桥接** 病斑治疗后及时桥接或脚接，促进树势恢复（彩图41～彩图45）。

（5）**其他措施** 及时防治造成苹果早期落叶的病害及害虫。冬前树干涂白，防止发生冻害，降低春季树体局部增温效应，控制腐烂病春季高峰期的为害（彩图46）。效果较好的涂白剂配方为：桐油或酚醛∶水玻璃∶白土∶水＝1∶（2～3）∶（2～3）∶（3～5）。先将前两种试剂配成Ⅰ液，再将后两种试剂配成Ⅱ液，然后将Ⅱ液倒入Ⅰ液中，边倒边搅拌，混合均匀即成。

彩图41 利用病斑下部枝条桥接

彩图42 培养腐烂病斑下面的枝条，以备桥接用

彩图43 利用根蘖苗多条桥接（脚接）

彩图44 桥接口涂泥、捆绑塑料薄膜，促进桥接口愈合

彩图45 桥接后的树势恢复状况

彩图46 树干涂白

干腐病

症状诊断 干腐病主要为害枝干和果实。在枝干上形成溃疡型、条斑型和枝枯型三种症状类型。

（1）**溃疡型**　多发生在主干、主枝及侧枝上，初期病斑暗褐色，较湿润，稍隆起，常有褐色汁液溢出，俗称“冒油”；随后，病斑失水，干缩凹陷，表面产生许多不规则裂缝，栓皮组织常呈“油皮”状翘起，病斑椭圆形或不规则形（彩图 47 ～彩图 51）。病斑一般较浅，不烂透皮层，但有时可以连片。

彩图 47　溃疡型干腐病斑发生初期

彩图 48　溃疡型干腐病斑的中期，干缩凹陷，边缘开始产生裂缝

彩图 49　溃疡型干腐病斑表面产生裂缝

彩图 50　溃疡型干腐病斑表面栓皮翘起呈油皮状

彩图 51　小枝表面的许多溃疡型病斑

（2）**条斑型**　主干、主枝、侧枝及小枝上均可发生，其主要特点是在枝干表面形成长条状病斑（彩图 52）。病斑初暗褐色，后表面凹陷，边缘开裂，表面常密生许多小黑点；后期病斑干缩，表面产生纵横裂纹。病斑多将皮层烂透，深达木质部。

（3）**枝枯型**　多发生在小枝上，病斑扩展迅速，常围枝一周，造成枝条枯死（彩图 53）。后期枯枝表面密生许多小黑点，多雨潮湿时小黑点上可产生大量灰白色黏液（彩图 54）。

果实受害，形成轮纹状果实腐烂，即"轮纹烂果病"（彩图 55）。

彩图 52　条斑型干腐病斑

彩图 53　干腐病造成枝条枯死

彩图 54 枝枯型干腐病斑表面散生许多小黑点及灰白色黏液

彩图 55 干腐病导致的轮纹状烂果

发生特点 干腐病是一种高等真菌性病害，病菌主要以菌丝和子实体（小黑点）在枝干病斑及枯死枝上越冬，翌年产生大量病菌孢子，通过风雨传播，主要从伤口和皮孔侵染为害枝干及果实。弱树、弱枝受害重，干旱果园或干旱季节枝干发病较重。管理粗放，地势低洼，土壤瘠薄，肥水不足，偏施氮肥，结果过多，伤口较多等均可加重该病的发生。

防治技术 以加强栽培管理、增强树势、提高树体的抗病能力为基础，搞好果园卫生为重点，结合及时治疗枝干病斑。

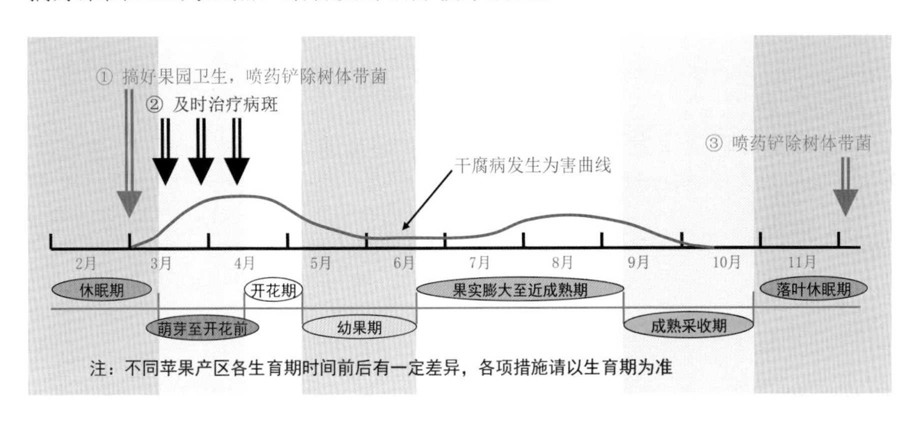

（1）**加强栽培管理** 增施有机肥、微生物肥料及农家肥，科学施用氮肥，合理配方施肥；干旱季节及时灌水，多雨季节注意排水；科学结果量，培强树势，提高树体抗病能力。冬前及时树干涂白，防止冻害和日烧；及时防治各种枝干害虫；避免造成各种机械伤口，并对伤口涂药保护，防止病菌侵染。

（2）**搞好果园卫生** 结合修剪，彻底剪除枯死枝，集中销毁。发芽前喷施 1 次铲除性药剂，铲除或杀灭树体残余病菌。常用有效药剂有：30%龙灯福连（戊唑 • 多菌灵）悬浮剂 400 ～ 600 倍液、77%多宁（硫酸铜钙）可湿性粉剂 300 ～ 400 倍液、60％统佳（铜钙·多菌灵）可湿性粉剂 300 ～ 400 倍液、45％代森铵水剂 200 ～ 300 倍液等。喷药时，若在药液中混加有机硅类等渗透助剂，可显著提高杀菌效果。

（3）**及时治疗病斑** 主干、主枝病斑应及时进行治疗，具体方法参见“腐烂病”病斑治疗部分。

木腐病

症状诊断 木腐病主要为害老树及弱树的主干、主枝，造成病树木质部腐朽，疏松质脆，手捏易碎，刮大风时容易从病部折断（彩图 56）。后期，从伤口处产生病菌结构，该结构多为膏药状、马蹄状、贝壳状、扇状等，灰白色至灰褐色（彩图 57 ～彩图 60）。

彩图 56 木腐病导致枝干木质部腐朽

彩图 57 木腐病伤口处产生膏药状病菌结构

彩图 58 木腐病伤口处产生马蹄状病菌结构

彩图 59 木腐病伤口处产生贝壳状病菌结构

彩图 60 木腐病树基部产生扇状病菌结构

发生特点 木腐病是一种高等真菌性病害，可由多种弱寄生真菌引起，在多种果树及林木上均可发生为害。病菌以多年生菌丝体和病菌结构（子实体）在病树及病残体上越冬，在木质部内扩展为害，造成木质部腐朽。病菌子实体上产生孢子，通过风雨或气流传播，从伤口侵染为害，特别是长期不能愈合的锯口。老树、弱树受害较重。

防治技术 主要是壮树防病，结合促进伤口愈合、保护伤口等措施。

（1）**加强栽培管理** 增施有机肥及农家肥，科学配合施用氮、磷、钾、钙肥，合理调整结果量，培育壮树，提高树体抗病能力。

（2）**避免与保护伤口** 加强蛀干害虫的防治，避免造成虫伤。剪口、锯口等机械伤口及时进行保护，如涂药（有效药剂同“腐烂病”病斑涂抹药剂）、刷漆、贴膜等，促进伤口愈合，防止病菌侵染（彩图 61、彩图 62）。

（3）**及时刮除病菌结构** 病树伤口处产生的病菌子实体要及时彻底刮除，并集中烧毁，消灭或减少园内病菌，并在伤口处涂药保护。有效药剂同上述。

彩图 61 锯口上涂刷油漆

彩图 62 锯口上贴附塑料保鲜膜

枝干轮纹病

症状诊断 枝干轮纹病主要为害枝干，还可严重为害果实。枝干受害，初期以皮孔为中心形成瘤状突起，然后在突起周围逐渐形成一近圆形坏死斑，秋后病斑周围开裂成沟状，边缘翘起呈马鞍形；第二年病斑上产生稀疏的小黑点，同时病斑继续向外扩展，在环状沟外又形成一圈环形坏死组织，秋后该坏死环外又开裂、翘起……这样，病斑连年扩展，即形成了轮纹状病斑（彩图 63 ～彩图 66）。枝干上病斑多时，导致树皮粗糙，故俗称“粗皮病”（彩图

67）。轮纹病斑一般较浅，容易剥离，特别在一年生及细小枝条上；但在弱树或弱枝上，病斑横向扩展较快，并可侵入皮层内部，深达木质部，造成树势衰弱或枝干死亡，甚至果园毁灭（彩图 68 ～彩图 72）。

果实受害，形成轮纹状果实腐烂，即"轮纹烂果病"。

彩图 63　呈瘤状突起的一年生轮纹病斑

彩图 64　边缘开裂翘起的一年生轮纹病斑

彩图 65　轮纹病斑表面产生小黑点

彩图 66　多年生的轮纹病斑

彩图 67　许多轮纹病斑导致枝干表面粗糙

彩图 68　一年生枝上的轮纹病病瘤

彩图 69　一年生枝上的轮纹病病瘤仅表现为皮孔膨大肿起，并不深入皮层下部

彩图 70　较衰弱小枝条上的轮纹病斑

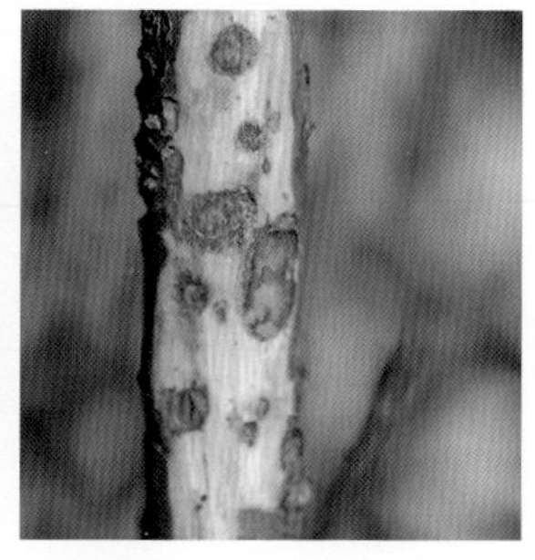

彩图 71　2 ～ 3 年生小枝上的轮纹病斑坏死组织已深入皮层内部

彩图 72　轮纹病导致的果园毁灭

发生特点　枝干轮纹病是一种高等真菌性病害，病菌主要以菌丝体和分生孢子器（小黑点）在枝干病斑上越冬，并可在病组织中存活 4 ～ 5 年。生长季节，病菌产生大量孢子（灰白色黏液），主要通过风雨进行传播，从皮孔侵染为害。当年生病斑上一般不产生小黑点（分生孢子器）及病菌孢子，但衰弱枝上的病斑可产生小黑点（很难产生病菌孢子）。老树、弱树及衰弱枝发病重；有机肥使用量小，土壤有机质贫乏的果园病害发生严重；管理粗放、土壤瘠薄的果园受害严重；枝干环剥可以加重该病的发生；富士苹果枝干轮纹病最重。

防治技术

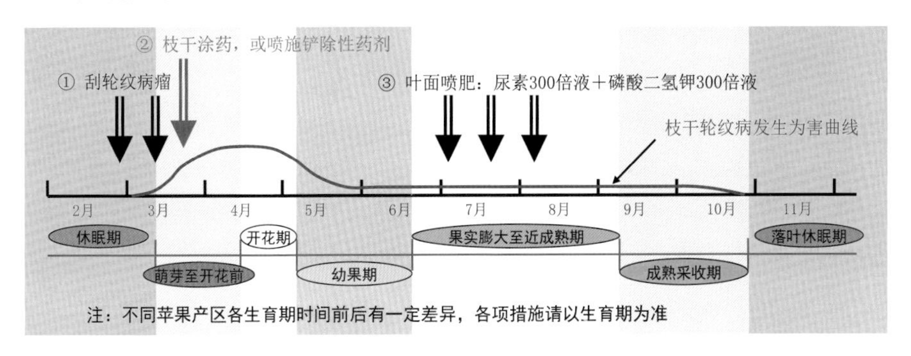

（1）**加强栽培管理**　增施农家肥、粗肥等有机肥，按比例科学施用氮、磷、钾、钙肥；科学结果量；科学灌水；尽量少环剥或不环剥；新梢停止生长后及时叶面喷肥（尿素 300 倍液＋磷酸二氢钾 300 倍液）；培强树势，提高树体

抗病能力。

（2）**刮治病瘤，铲除病菌**　发芽前，刮治枝干病瘤，集中销毁病残组织。刮治轮纹病瘤时，应轻刮，只把表面硬皮刮破即可，然后涂药，杀灭残余病菌（彩图 73）。效果较好的药剂有：甲托油膏 [70% 甲基托布津可湿性粉剂：植物油＝1 ：（20 ～ 25）]、30% 龙灯福连（戊唑·多菌灵）悬浮剂 100 ～ 150 倍液、60% 统佳（铜钙·多菌灵）可湿性粉剂 100 ～ 150 倍液等。需要注意，甲基托布津必须使用纯品，不能使用复配制剂，以免发生药害，导致死树；树势衰弱时，刮病瘤后不建议涂甲托油膏。

（3）**喷药铲除残余病菌**　发芽前，全园喷施 1 次铲除性药剂，铲除树体残余病菌，并保护枝干免遭病菌侵害（彩图 74）。常用有效药剂有：30% 龙灯福连悬浮剂 400 ～ 600 倍液、60% 统佳可湿性粉剂 400 ～ 600 倍液、77% 多宁（硫酸铜钙）可湿性粉剂 300 ～ 400 倍液、45% 代森铵水剂 200 ～ 300 倍液等。喷药时，若在药液中混加有机硅类等渗透助剂，对铲除树体带菌效果更好；若刮除病斑后再喷药，铲除杀菌效果更佳。

彩图 73　枝干轮纹病斑刮治状况

彩图 74　连续几年喷施龙灯福连铲除树体残余病菌，枝干光滑

果实轮纹病

症状诊断　果实轮纹病的典型症状特点是：以皮孔为中心形成近圆形腐烂病斑，表面不凹陷，病斑颜色深浅交错呈同心轮纹状（彩图 75）。

果实发病，多从近成熟期开始，初以皮孔为中心产生淡红色至红色斑点，扩大后成淡褐色至深褐色腐烂病斑，圆形或不规则形（彩图 76）；典型病斑有颜色深浅交错的同心轮纹，且表面不凹陷。病果腐烂多汁，没有特殊异味。病斑颜色因品种不同而有一定差异：一般黄色品种颜色较淡，多呈淡褐色至褐色（彩图 77）；红色品种颜色较深，多呈褐色至深褐色（彩图 78）。套袋果腐烂病斑颜色一般较淡（彩图 79）。后期，病部多凹陷，表面可散生许多小黑点（彩图 80、彩图 81）。病果易脱落，严重时树下落满一层（彩图 82）。

彩图 75　果实轮纹病的典型症状

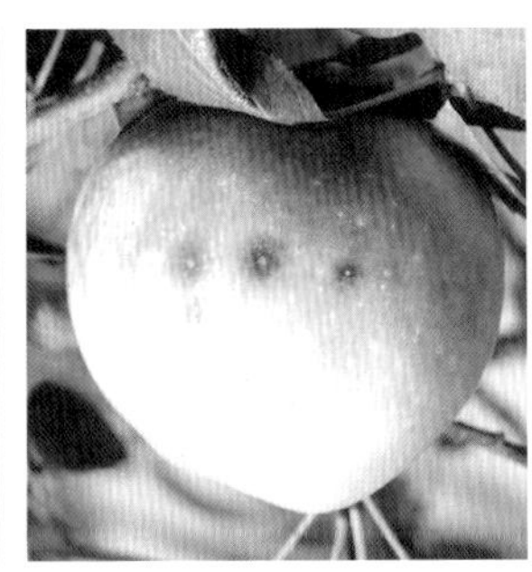

彩图 76　果实轮纹病发生初期

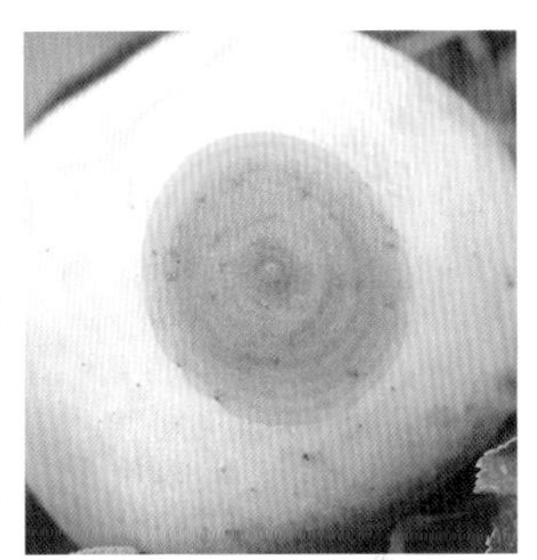

彩图 77　黄色品种上的果实轮纹病

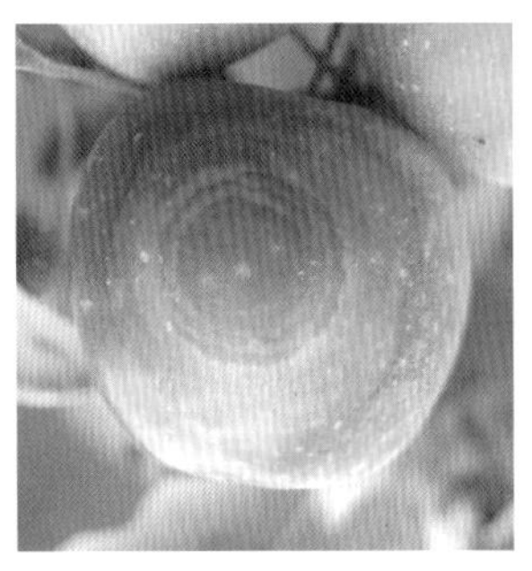

彩图 78　红色品种上的果实轮纹病

彩图 79　套纸袋果的果实轮纹病病斑颜色较淡

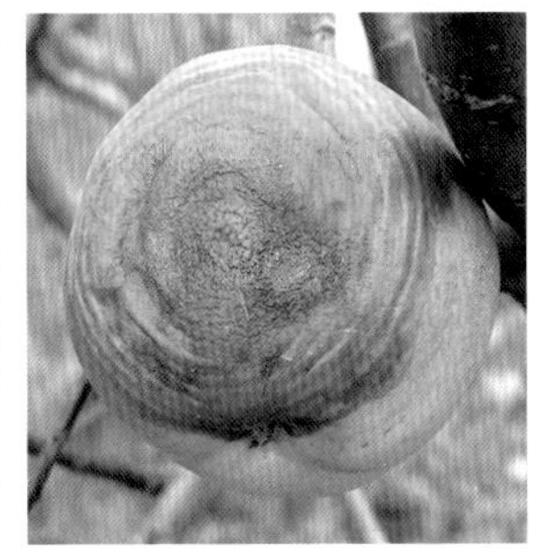

彩图 80　果实轮纹病病斑表面的散生小黑点

彩图 81　果实轮纹病病斑表面凹陷，产生小黑点

彩图 82　果实轮纹病导致落果满地

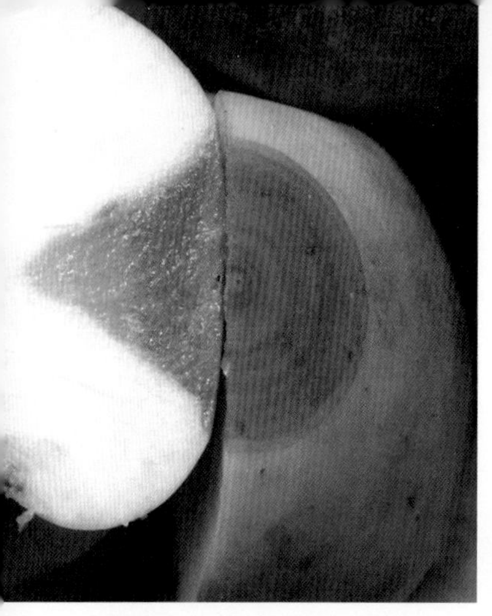

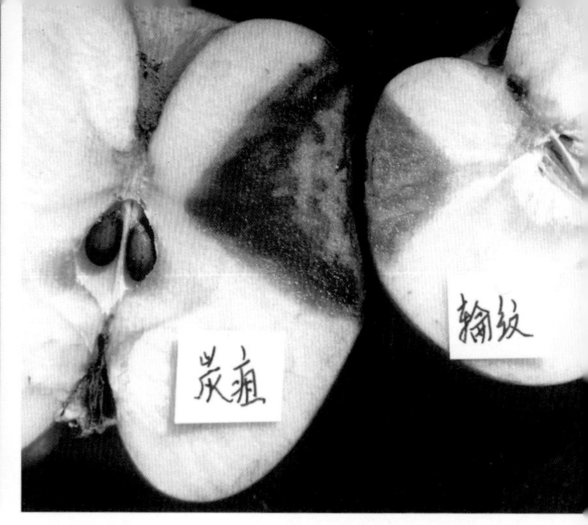

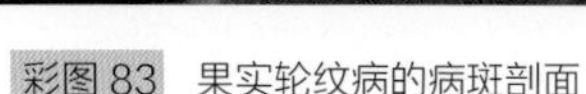

彩图 83　果实轮纹病的病斑剖面

彩图 84　果实轮纹病与炭疽病病果剖面比较

果实轮纹病与炭疽病症状相似，容易混淆，可从五个方面进行比较区分：①轮纹病表面一般不凹陷，炭疽病表面平或凹陷；②轮纹病表面颜色较淡并为深浅交错的轮纹状，呈淡褐色至深褐色，炭疽病颜色较深且均匀，呈红褐色至黑褐色；③轮纹病腐烂果肉无特殊异味，炭疽病果肉味苦；④轮纹病小黑点散生，炭疽病小黑点多排列成近轮纹状；⑤轮纹病小黑点上一般不产生黏液，若产生则为灰白色，炭疽病小黑点上很容易产生粉红色黏液（彩图 83、彩图 84）。

发生特点　果实轮纹病是一种高等真菌性病害，主要由枝干轮纹病菌和干腐病菌引起，也可由多种枯死枝上的一些病菌引起（彩图 85、彩图 86）。病菌主要以菌丝体与子实体（小黑点）在枝干病斑及各种枯死枝上越冬，第二年产生大量病菌孢子，通过风雨传播到果实上，主要从皮孔和气孔侵染为

彩图 85　支棍表面的许多小黑点是造成果实轮纹病的一大菌源

彩图 86　干腐病菌导致的果实轮纹病果

害。病菌一般从苹果落花后 7 ～ 10 天开始侵染，直到皮孔封闭后结束。晚熟品种如富士皮孔封闭一般在 8 月底或 9 月上旬，即病菌侵染期可长达 4 个月。该病具有潜伏侵染现象，其侵染特点为：病菌幼果期开始侵染，侵染期很长；果实近成熟期开始发病，采收期严重发病，采收后继续发病；果实发病前病菌即潜伏在皮孔（果点）内。

枝干上病菌数量的多少及枯死枝的多少是影响病害发生与否及轻重的基础，5 ～ 8 月份的降雨情况是影响病害发生的决定因素。一般每次降雨后，都会形成一次病菌侵染高峰。病菌在 28 ～ 29℃时扩展最快，5 天病果即可全烂；5℃以下扩展缓慢，0℃左右基本停止扩展。

防治技术 果实轮纹病的防治以搞好果园卫生、铲除树体带菌为基础，以生长期保护果实不受病菌侵染为重点。

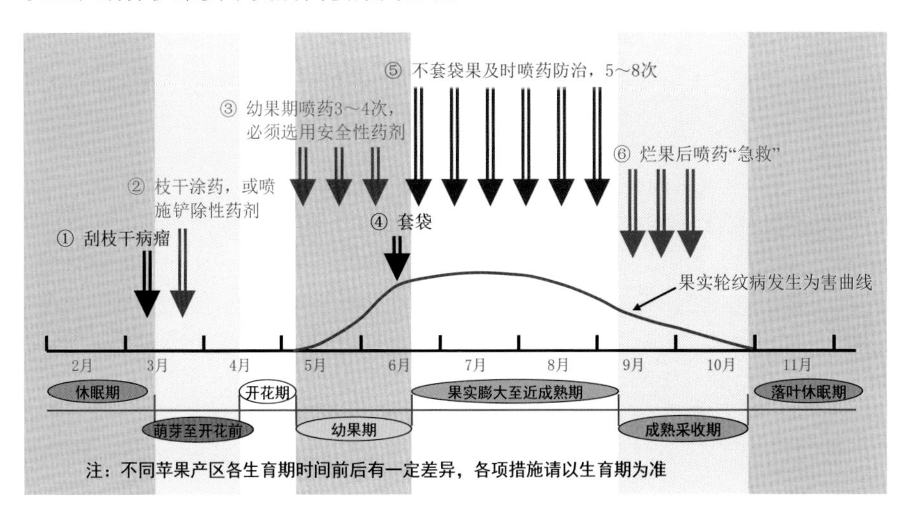

（1）处理越冬菌源

① 搞好果园卫生：彻底剪除树上各种枯死枝、破伤枝，不要使用修剪下来的带皮枝段作为支棍，发芽前及时刮除主干、主枝上的轮纹病瘤及干腐病斑。

② 主干、主枝抹药：刮病瘤后，主干、主枝涂抹甲托油膏［70％甲基托布津可湿性粉剂：植物油＝1：（20 ～ 25）］、30％龙灯福连（戊唑·多菌灵）悬浮剂 100 ～ 150 倍液或 60％统佳（铜钙·多菌灵）可湿性粉剂 100 ～ 150 倍液，杀灭残余病菌。

③ 树体喷药：发芽前，全园喷施 1 次 30％龙灯福连悬浮剂 400 ～ 600 倍液、60％统佳可湿性粉剂 400 ～ 600 倍液、77％多宁（硫酸铜钙）可湿性粉剂 300 ～ 400 倍液或 45％代森铵水剂 200 ～ 300 倍液，铲除枝干残余病菌。

（2）喷药保护果实　从苹果落花后 7 ～ 10 天开始喷药，到果实套袋或果实皮孔封闭后（不套袋果实）结束，不套袋苹果喷药时期一般为4月底或5月初至8月底或9月上旬。具体喷药时间需根据降雨情况而定，尽量在雨前喷药，雨多多喷，雨少少喷，无雨不喷。套袋苹果一般需喷药3～4次（落花后至套袋前），不套袋苹果一般需喷药8～12次。以选用耐雨水冲刷药剂效果最好。

根据苹果生长特点与生产优质苹果的要求，药剂防治可分为两个阶段（套袋苹果只有第一个阶段）。

第一阶段：落花后7～10天至套袋前或麦收前（约落花后6周）。该阶段是幼果敏感期，用药不当极易造成药害（果锈、果面粗糙等）（彩图87），因此必须选用优质安全有效药剂，10天左右喷药1次，需连喷3～4次。常用安全有效药剂有：30%龙灯福连悬浮剂1000～1200倍液、70%甲基托布津可湿性粉剂800～1000倍液、500克/升甲基托布津悬浮剂800～1000倍液、500克/升统旺（多菌灵）悬浮剂800～1000倍液、10%苯醚甲环唑水分散粒剂1500～2000倍液、80%全络合态代森锰锌（太盛、必得利等）可湿性粉剂800～1000倍液、50%美派安（克菌丹）可湿性粉剂600～800倍液及50%多菌灵可湿性粉剂等。代森锰锌必须选用全络合态产品，多菌灵必须选择纯品制剂，以免造成药害。

第二阶段：麦收后（或落花后6周）至果实皮孔封闭。10～15天喷药1次，该期一般应喷药5～8次。常用有效药剂除上述药剂外，还可选用90%三乙膦酸铝可溶性粉剂600～800倍液、70%丙森锌可湿性粉剂600～800倍液、25%戊唑醇水乳剂2000～2500倍液、50%锰锌·多菌灵可湿性粉剂600～800倍液等。不建议使用铜制剂及波尔多液，以免造成药害或污染果面（彩图88）。

若雨前没能喷药，雨后应及时喷施治疗性杀菌剂加保护性药剂，并尽量使用较高浓度，以进行补救。

彩图87　幼果期用药不当，导致果面出现果锈状药害

彩图88　波尔多液在果面上的残留药斑

（3）**烂果后“急救”** 前期喷药不当后期开始烂果后，应及时喷用内吸性药剂进行“急救”，7天左右1次，直到果实采收。效果较好的药剂或配方有：30%龙灯福连悬浮剂600～800倍液、70%甲基托布津可湿性粉剂或500克/升悬浮剂600～800倍液＋90%三乙膦酸铝可溶性粉剂600倍液、500克/升统旺悬浮剂600～800倍液＋90%三乙膦酸铝可溶性粉剂600倍液等。应当指出，该“急救”措施只能控制病害暂时停止发生，并不能根除潜伏病菌。

（4）**果实套袋** 果实套袋是防止果实轮纹病菌中后期侵染果实的最经济、最有效的方法，果实套袋后可减少喷药5～8次。常用果袋有塑膜袋和纸袋两种，以纸袋生产出的苹果质量较好（彩图89～彩图91）。需要注意，套袋前5～7天内必须喷施1次优质安全有效药剂。

彩图89 套纸袋的苹果

彩图90 套塑膜袋的苹果

彩图91 套纸袋生产的优质红富士苹果

（5）**安全贮藏** 低温贮藏，基本可以控制果实轮纹病的发生。如0～2℃贮藏可以充分控制发病，5℃贮藏基本不发病。另外，药剂浸果、晾干后贮藏，即使在常温下也可显著降低果实发病。30%龙灯福连悬浮剂500～600倍液、70%甲基托布津可湿性粉剂、500克/升悬浮剂500～600倍液＋90%三乙膦酸铝可溶性粉剂500倍液、50%多菌灵（纯）可湿性粉剂500～600倍液＋90%三乙膦酸铝可溶性粉剂500倍液浸果效果较好，一般浸果1～2分钟即可。

褐腐病

症状诊断 褐腐病只为害果实，多在近成熟期开始发生，直到采收期甚至贮藏期。发病后的主要特点是：病果呈褐色腐烂，腐烂病斑表面产生灰白色霉丛或霉层。初期病斑多以伤口（机械伤、虫伤等）为中心开始发生，果面产生淡褐色水渍状小圆斑，后病斑迅速扩大，导致果实呈褐色腐烂；在病斑向四周扩展的同时，从病斑中央向外逐渐产生灰白色霉丛，霉丛多散生，有时呈轮纹状排列，有时密集成层状（彩图 92、彩图 93）。病果肉松软呈海绵状，略有韧性，并具特殊香味；稍失水后有弹性，甚至呈皮球状。后期病果失水干缩，呈黑色僵果。

彩图 92　褐腐病病果表面散生许多灰白色霉丛

彩图 93　褐腐病病果表面的霉丛呈近轮纹状排列

发生特点　褐腐病是一种高等真菌性病害，病菌主要以菌丝体在病僵果上越冬，第二年雨季产生大量病菌孢子，借风雨或气流传播，主要从伤口侵染为害近成熟果实，潜育期 5 ～ 10 天，该病在果园内可有多次再侵染。越冬病僵果的多少是影响该病发生轻重的主要因素，苹果近成熟期多雨潮湿可促进病害发生，近成熟期的果实伤口多少是该病发生轻重的决定条件。另外，褐腐病菌对温度适应性极强，0℃时仍可缓慢扩展，所以有时冷藏果实仍可大量发病。

防治技术

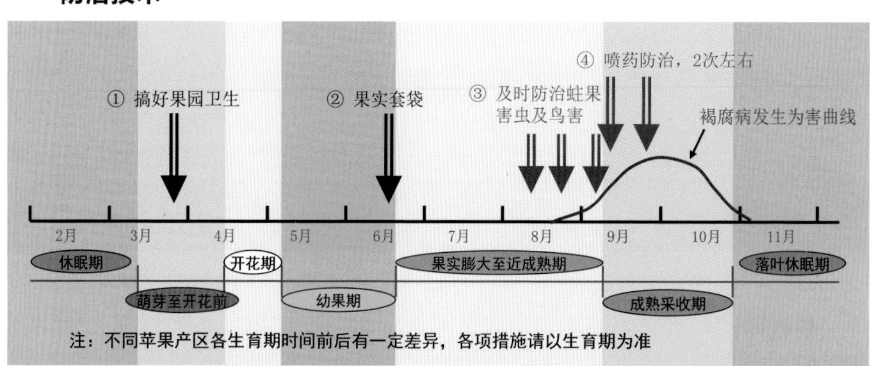

（1）**搞好果园卫生**　落叶后至发芽前，彻底清除树上、树下的病僵果，集中深埋或烧毁，清除越冬病菌。果实近成熟期，及时摘除树上病果，并拣拾落地病果，减少田间菌量，防止病菌再次侵染。

（2）**加强果园管理**　注意果园浇水及排水，防止水分供应失调而造成裂果，形成伤口；增施有机肥及磷、钙肥，避免因果实缺钙而造成伤口；尽量果实套袋，阻止褐腐病菌侵害果实；及时防治蛀果害虫并驱赶鸟类，避免造成果实虫伤及啄伤。

（3）**适时药剂防治**　褐腐病严重果园，在果实近成熟期喷药保护，是防治该病的最有效措施。一般从采收前1个月（中熟品种）至1.5个月（晚熟品种）开始喷药，10～15天1次，连喷2次，即可有效控制褐腐病的发生为害。常用有效药剂有：30%龙灯福连（戊唑·多菌灵）悬浮剂1000～1200倍液、70%甲基托布津可湿性粉剂或500克/升悬浮剂800～1000倍液、500克/升统旺（多菌灵）悬浮剂600～800倍液、10%苯醚甲环唑水分散粒剂1500～2000倍液、75%好速净（异菌·多·锰锌）可湿性粉剂600～800倍液、45%统俊（异菌脲）悬浮剂1000～1500倍液、40%百可得（双胍三辛烷基苯磺酸盐）可湿性粉剂1000～1500倍液、50%腐霉利可湿性粉剂1000～1500倍液、40%嘧霉胺悬浮剂1000～1200倍液、50%乙霉·多菌灵可湿性粉剂800～1200倍液等。

（4）**安全贮藏**　采收后严格挑选，尽量避免病、伤果入库。褐腐病严重果园的果实，可用药剂浸果1～2分钟杀菌，待晾干后进行贮藏。浸果药剂同树上喷药。

黑腐病

症状诊断　黑腐病主要为害近成熟期至采收后的果实。病斑多从伤口处开始发生，初期产生褐色至黑褐色斑点，圆形或近圆形，逐渐扩大后形成褐色至黑褐色腐烂病斑，表面凹陷，严重时果实大半部腐烂（彩图94～彩图96）。随病斑逐渐扩大，从表面裂缝处可产生黑色霉状物。

发生特点　黑腐病是一种高等真菌性病害，病菌在自然界广泛存在，是一类弱寄生菌。主要借助气流传播，从伤口侵染为害果实，自然生长裂口、机械伤等均可诱发该病的发生。套袋果实发生较多；果实药害、土壤缺钙、水分供应失调、多雨潮湿、树冠郁蔽等常可加重病害发生。

彩图 94　黑腐病的典型病果

彩图 95　黑腐病导致病果大部分腐烂

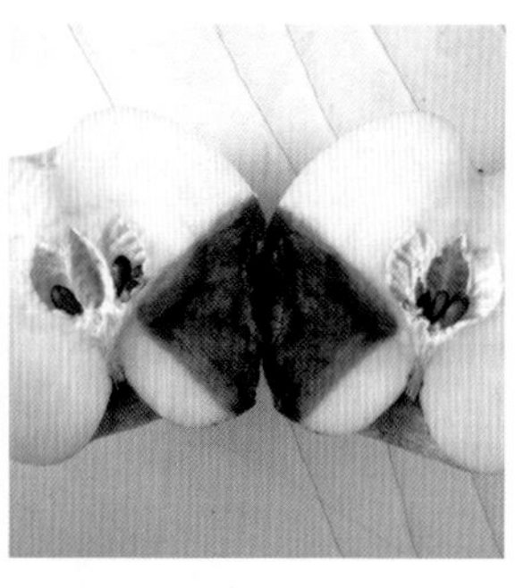

彩图 96　黑腐病病斑剖面，果肉呈黑褐色腐烂

防治技术　黑腐病不需单独药剂防治，通过加强栽培管理和搞好其他病虫害防治（特别是套袋果斑点病），即可有效防治该病的发生为害。

加强肥水管理，增施有机肥及钙肥，避免果实生长伤口。套袋果实套袋前喷洒优质安全杀菌剂（详见“套袋果斑点病”防治部分），防止果实套袋后受害。合理修剪，使树体通风透光，降低环境湿度。

红粉病

症状诊断　红粉病主要为害果实，发病后的主要症状特点是在病斑表面产生淡粉红色霉状物（彩图 97）。该病多从伤口处或花萼端开始发生，形成圆形或不规则形淡褐色腐烂病斑，初期病斑颜色较淡，表面不凹陷，后病斑颜色变深，且表面凹陷，甚至失水成皱缩凹陷，严重时造成果实大半部腐烂（彩图 98）。高湿环境时，花萼的残余部分上也可产生红粉状物，进而形成病斑。

发生特点　红粉病是一种弱寄生性高等真菌性病害，病菌在自然界广泛存在。在果园内主要通过气流进行传播，从果实伤口及死亡组织侵染，进而扩展形成病斑。一切造成果实受伤的因素均可导致该病发生，如自然裂伤、病虫害伤口等；多雨潮湿、树冠郁蔽，常可加重病害发生。

防治技术　该病不需单独药剂防治，仅需加强栽培管理和搞好其他病虫害防治即可。

加强肥水管理，增施钙肥，避免果实生长伤口。及时防治果实病虫害，防止果实受伤。实施果实套袋，推广套袋前喷洒优质杀菌剂技术。合理修剪，使树体通风透光，降低环境湿度，创造不利于病害发生的环境条件。

彩图 97 红粉病的典型病果症状

彩图 98 果实生长期，从花萼端开始发生的红粉病病果

花腐病

症状诊断 花腐病主要为害花、嫩叶及幼果，有时也可为害嫩枝。花及花序受害，多从花柄开始发生，形成淡褐色至褐色坏死病斑，导致花及花序呈黄褐色枯萎；花柄受害后花朵萎蔫下垂，后期病组织表面可产生灰白色霉层；严重时整个花序及果薹叶全部枯萎，并向下蔓延至果薹副梢，形成褐色坏死斑，甚至造成果薹副梢枯死（彩图 99 ～彩图 101）。叶片受害，展叶后 2 ～ 3 天即可发病，在叶尖、叶缘或中脉两侧形成放射状红褐色病斑，并可沿叶脉蔓延至病叶基部甚至叶柄，后期病叶枯死凋萎下垂或腐烂，严重时造成整个叶丛枯死，甚至新梢枯死（彩图 102、彩图 103）。高湿条件下，病部产生大量灰白色霉状物。幼果受害，病菌多从柱头侵染，通过花粉管进入胚囊，再经子房壁扩展到表面；当果实长到豆粒大小时，果面出现褐色病斑，且病部有发酵气味的褐色黏液溢出；后期全果腐烂，失水后成为僵果（彩图 104）。叶、花、果发病后，向下蔓延到嫩枝上，形成褐色溃疡斑，当病斑绕枝一周时，发病部位以上枝条枯死。

发生特点 花腐病是一种高等真菌性病害，病菌主要以菌丝体在落地病僵果、病叶及病枝上越冬。第二年春天条件适宜时产生大量病菌孢子（子囊孢子），通过气流或风雨传播，侵染为害花、叶片等各种幼嫩组织。在嫩叶和花上的潜育期为 6 ～ 7 天，幼果上的潜育期为 9 ～ 10 天。苹果萌芽展叶期低温多雨是花腐病发生的主要条件；花期若遇低温多雨，花期延长，则幼果受害加重。海拔较高的山地果园、土壤黏重果园、排水不良果园均有利于病害发生。

彩图 99　花腐病发生前期，在花柄及叶片上的症状表现

彩图 100　花腐病造成整个花序及果薹叶枯死

彩图 101　花腐病为害花序，向下蔓延，形成枯死斑

彩图 102　花腐病在叶片上沿叶脉扩展为害

彩图 103　花腐病造成枯梢

彩图 104　花腐病为害幼果，有褐色黏液溢出

防治技术

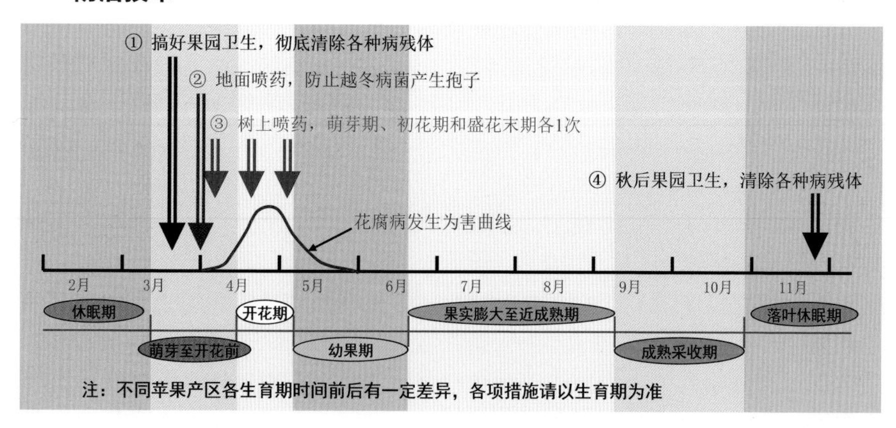

（1）**搞好果园卫生**　落叶后至芽萌动前，彻底清除树上、树下的病叶、病僵果及病枯枝，集中深埋或带到园外烧毁，消灭病菌越冬场所。早春进行

果园深翻，掩埋残余病残体。往年病害严重果园，在苹果萌芽期地面喷洒1次30%龙灯福连（戊唑·多菌灵）悬浮剂600～800倍液、77%多宁（硫酸铜钙）可湿性粉剂400～500倍液、60%统佳（铜钙·多菌灵）可湿性粉剂400～500倍液或3～5波美度石硫合剂，防止越冬病菌产生孢子。另外，结合疏花、疏果，及时摘除病叶、病花、病果，集中销毁，减轻田间再次为害。

（2）**生长期药剂防治** 往年花腐病发生严重的果园，分别在萌芽期、初花期和盛花末期各喷药1次，即可有效防治该病的发生为害；受害较轻果园，只在初花期喷药1次即可。常用有效药剂有：30%龙灯福连悬浮剂1000～1200倍液、45%统俊（异菌脲）悬浮剂1200～1500倍液、50%异菌脲可湿性粉剂1000～1500倍液、70%甲基托布津可湿性粉剂或500克/升悬浮剂800～1000倍液、500克/升统旺（多菌灵）悬浮剂600～800倍液、75%好速净（异菌·多·锰锌）可湿性粉剂600～800倍液、50%乙霉·多菌灵可湿性粉剂1000～1200倍液、50%腐霉利可湿性粉剂1000～1500倍液、40%嘧霉胺悬浮剂1000～1500倍液等。

霉污病

症状诊断 霉污病又称"煤污病"，主要为害果实和叶片，在果实上俗称"水锈"。发病后的主要症状特点是：在果实或叶片表面产生棕褐色至黑色的煤烟状污斑，边缘不明显，用手容易擦掉。

果实受害，多从近成熟期开始发生，在果面上产生边缘不明显的煤烟状污斑，近圆形或不规则形，严重时污斑布满大部或整个果面，影响果实外观与着色（彩图105）。有时污斑沿雨水下流方向分布，故俗称为"水锈"（彩图106）。该病主要影响果实的外观质量，降低品质，一般不造成实际的产量损失。

叶片受害，在叶面上布满煤烟状污斑（彩图107），严重影响叶片的光合作用，导致产量降低、果实品质变劣、树势衰弱等。

发生特点 霉污病是一种高等真菌性病害，是由病菌在果实或叶片表面附生造成的。病菌主要在枝、芽、果薹、树皮等处越冬，通过气流或风雨传播到果实及叶片表面，以表面营养物为基质进行附生，不侵入果实或叶片内部。果实生长中后期，多雨年份或低洼潮湿、树冠郁闭、通风透光不良、雾大露重的果园，果实容易受害。在高湿环境下，果实表面的分泌物不易干燥，而易诱发病菌以此为营养进行附生。叶片受害，多发生在蚜虫或介壳虫为害严重的果园，病菌以害虫蜜露为营养基质。

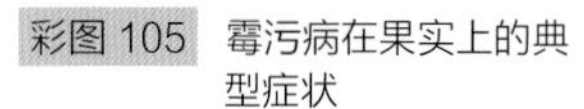

彩图 105 霉污病在果实上的典型症状

彩图 106 霉污病病斑沿流水方向分布

彩图 107 霉污病在叶片上的典型症状

防治技术

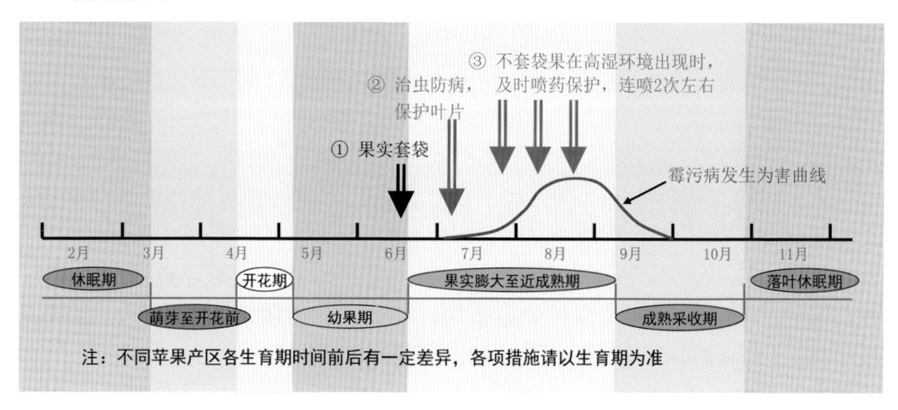

（1）**加强果园管理** 合理修剪，改善树体通风透光条件，雨季及时排除积水，注意中耕除草，降低果园内湿度，创造不利于病害发生的环境条件。实施果实套袋，有效阻断病菌在果实表面的附生。及时防治蚜虫、介壳虫等刺吸式口器害虫的为害，避免污染叶片，治虫防病。

（2）**适时喷药防治** 多雨年份及地势低洼果园（不套袋果），果实生长中后期及时喷药保护果实，10 ～ 15 天 1 次，喷药 2 次左右即可有效防治霉污病为害果实。常用有效药剂有：50％美派安（克菌丹）可湿性粉剂 600 ～ 800 倍液、80％太盛（代森锰锌）可湿性粉剂 800 ～ 1000 倍液、30％龙灯福连（戊唑 · 多菌灵）悬浮剂 800 ～ 1000 倍液、70％甲基托布津可湿性粉剂、500 克 / 升悬浮剂 800 ～ 1000 倍液、500 克 / 升统旺（多菌灵）悬浮剂 600 ～ 800 倍液、10％苯醚甲环唑水分散粒剂 1500 ～ 2000 倍液等。

霉心病

症状诊断 霉心病只为害果实，多从果实近成熟期开始发生。发病后的主要症状特点是：从心室开始发病，逐渐向外扩展，导致心室发霉或果肉从内向外腐烂，直到果实表面。初期，病果外观基本无异常表现，而心室逐渐发霉（产生霉状物）；有的病果后期病菌突破心室壁可以向外扩展，逐渐造成果肉腐烂，最后果实表面出现腐烂斑块。该病根据症状表现主要分为两种类型：

（1）**霉心型** 主要特点是心室发霉，在心室内产生灰绿、灰白、灰黑等颜色的霉状物，只限于心室，病变不突破心室壁，基本不影响果实的食用（彩图 108）。

（2）**心腐型** 主要特点是病变组织突破心室壁由内向外腐烂，严重时可使果肉烂透，直到果实表面，腐烂果肉味苦，经济损失较重（彩图 109 ～彩图 111）。严重的霉心病果，可引起幼果早期脱落；轻病果可正常成熟，但造成成熟期至采收后心室发病。

发生特点 霉心病是一种高等真菌性病害，可由多种弱寄生性真菌引起。这类病菌在自然界广泛存在，主要通过气流传播，在苹果开花期通过柱头侵入。病菌侵染柱头后，逐渐向心室扩展，当病菌进入心室后逐渐导致发病。霉心病发生轻重与花期湿度及品种关系密切，花期及花前阴雨潮湿病重，北斗及元帅系品种高感霉心病，富士系品种发病较轻。品种间的抗病性主要表现在抗侵入（心室）方面，萼心距大的品种抗病菌侵入心室，病害发生轻；萼心距小的品种易导致病菌侵入心室，病害发生较重。病菌侵入心室后，品种间的抗病性差异不明显。

彩图 108 霉心型典型病果

彩图 109 心腐型典型病果

彩图 110 心腐型病果造成的果实表面病斑

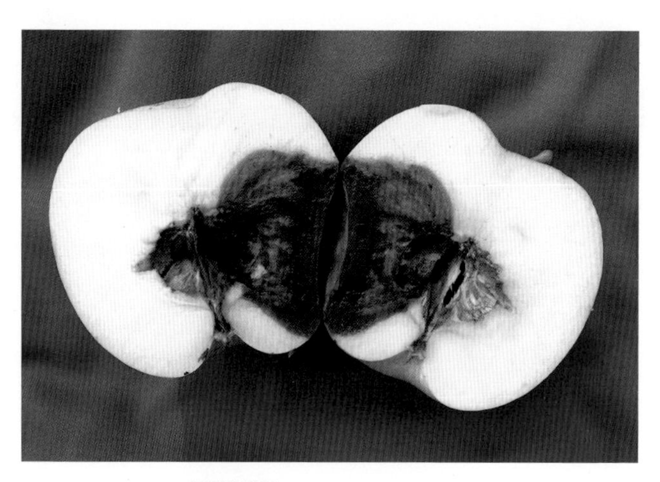

彩图 111　心腐型病果剖面病斑

防治技术　霉心病的防治关键是花期喷药预防，低温贮藏亦可在一定程度上控制果实发病。

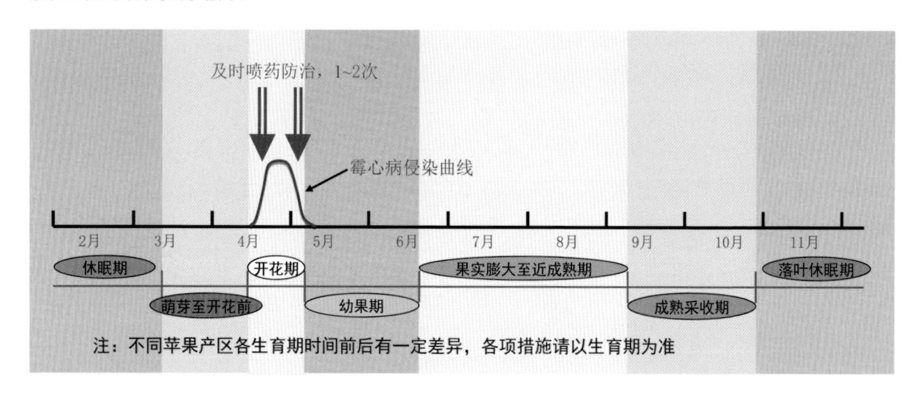

（1）**药剂防治**　药剂防治是有效控制霉心病的主要措施，关键为喷药时间和有效药剂。初花期、落花 70%～80%时是喷药关键期，一般果园或品种只在后一时期喷药 1 次即可，重病园或品种则需各喷药 1 次。常用有效药剂或配方为：30%龙灯福连（戊唑·多菌灵）悬浮剂 800～1000 倍液、70%甲基托布津可湿性粉剂或 500 克 / 升悬浮剂 800～1000 倍液＋80%太盛（代森锰锌）可湿性粉剂 600～800 倍液、1.5%多抗霉素可湿性粉剂 200～300 倍液等。花期用药必须选用安全药剂，以免发生药害。落花后喷药，对该病基本没有防治效果。

（2）**低温贮藏**　果实采收后在 1～3℃下贮藏，可基本控制病菌生长蔓延，避免采后心腐果形成。

泡斑病

症状诊断 泡斑病只为害果实，在果实皮孔周围形成淡褐色至褐色泡状病斑。多从幼果期开始发病，初期在皮孔处产生水渍状、微隆起的淡褐色小泡斑，后病斑扩大、颜色变深、泡斑开裂、中部凹陷，圆形或近圆形，直径1～2毫米（彩图112、彩图113）。病斑仅在表皮，有时可向果肉内扩展1～2毫米。严重时，一个果上生有百余个病斑，虽对产量影响不大，但商品价值显著降低。

彩图112 幼果上的泡斑病症状

彩图113 近成熟果上的泡斑病症状

发生特点 泡斑病是一种细菌性病害，病菌主要在芽、叶痕及落地病果中越冬，生长季节依附于叶、果或杂草上存活，通过风雨传播，从气孔或皮孔侵染果实。果实受害，多从落花后半月左右开始，皮孔形成木栓组织后基本结束。多雨潮湿年份或幼果期雾大露重果园病害发生严重。

防治技术 泡斑病主要为药剂防治。一般从落花后半月左右开始喷药，10天左右1次，连喷2～3次。常用有效药剂主要有：72%农用链霉素（硫酸链霉素）可溶性粉剂3000～4000倍液、90%新植霉素可溶性粉剂3000～4000倍液、50%喹啉铜可湿性粉剂800～1000倍液、20%噻菌铜悬浮剂500～600倍液等；也可喷施77%多宁（硫酸铜钙）可湿性粉剂1000～1200倍液，但多宁在有些品种上可能会引起果锈。另外，如果往年病害发生较重，也可在萌芽前喷药清园，以77%多宁可湿性粉剂300～400倍液效果较好。

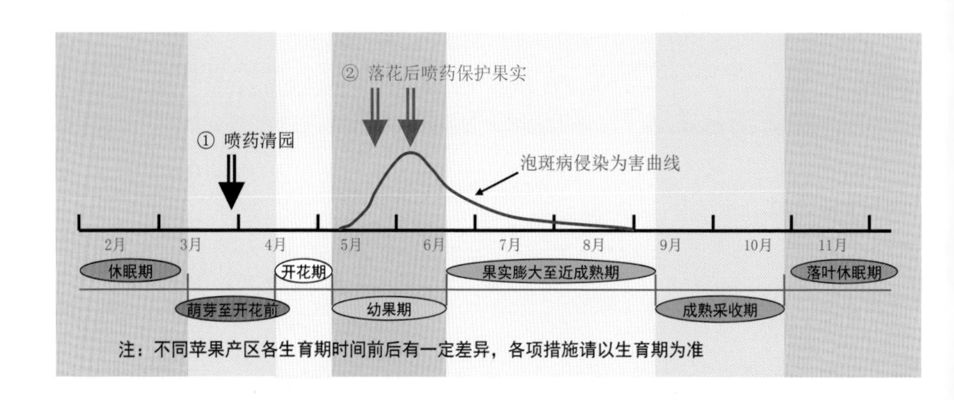

炭疽病

症状诊断 炭疽病主要为害果实，也可为害果薹、破伤枝及衰弱枝等。

果实受害，多从近成熟期开始发病，初为褐色小斑点，外有红色晕圈，表面略凹陷或扁平；扩大后呈褐色至深褐色，圆形或近圆形，表面凹陷，果肉腐烂。腐烂组织向果心呈圆锥状，有苦味，故又称"苦腐病"。当果面病斑扩展到 1 厘米左右时，从病斑中央开始逐渐产生呈轮纹状排列的小黑点，潮湿时小黑点上可溢出粉红色黏液。有时小黑点排列不规则，散生；有时小黑点不明显，只见到粉红色黏液。病果上病斑数目多为不定，常几个至数十个，病斑可融合，严重时造成果实大部分腐烂（彩图 114 ～彩图 117）。

果薹、破伤枝及衰弱枝受害，症状不明显，但潮湿时病部可产生小黑点及粉红色黏液。

彩图 114　炭疽病发生初期，病斑周围有红色晕圈

彩图 115　病斑表面产生呈轮纹状排列的小黑点

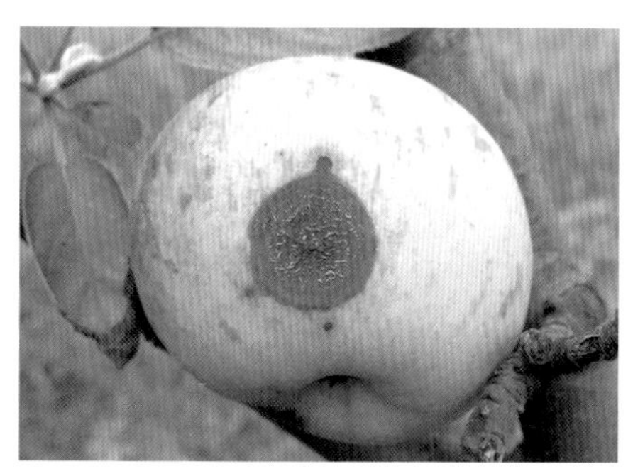

彩图 116　炭疽病斑表面产生粉红色黏液

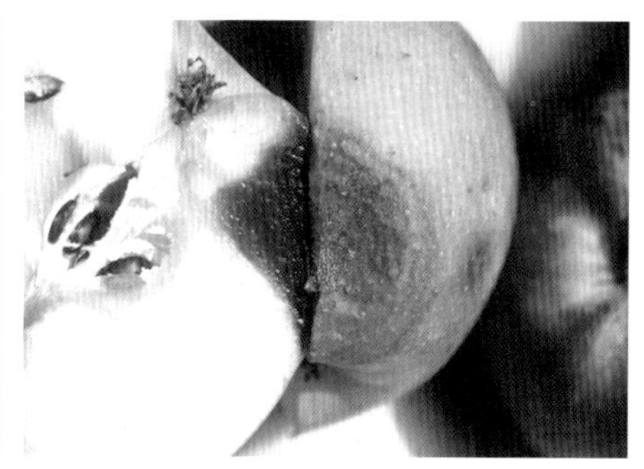

彩图 117　炭疽病病斑表面及剖面

炭疽病与果实轮纹病症状相似，容易混淆，但可从五个方面进行比较区分。详见“果实轮纹病”症状诊断部分。

发生特点　炭疽病是一种高等真菌性病害，病菌主要以菌丝体在枯死枝、破伤枝、死果薹及病僵果上越冬，也可在刺槐上越冬。第二年苹果落花后，潮湿条件下越冬病菌可产生大量病菌孢子，主要通过风雨传播，从果实皮孔、伤口或直接侵入为害。病菌从幼果期至成果期均可侵染果实，但前期发生侵染的病菌由于幼果抗病力较强而处于潜伏状态，不能造成果实发病，待果实近成熟期后抗病力降低后才导致发病。该病具有明显的潜伏侵染现象。近成熟果实发病后产生的病菌孢子（粉红色黏液）可再次侵染为害果实，该病在田间有多次再侵染。

炭疽病的发生轻重，主要决定于越冬病菌数量的多少和果实生长期的降雨情况。降雨早且多时，有利于炭疽病菌的产生、传播、侵染，后期病害发生则较重。刺槐是炭疽病菌的重要寄主，果园周围种植刺槐，可加重该病的发生。另外，成熟期的冰雹对发病也有重要影响，冰雹后不套袋果的炭疽病常常发生较重。再有，果园通风透光不良，树势衰弱，树上有许多枯死枝条，也可加重炭疽病的发生。

防治技术

（1）**消灭越冬菌源**　结合修剪，彻底剪除枯死枝、破伤枝、死果薹等枯死及衰弱组织。发芽前彻底清除果园内的病僵果，尤其是挂在树上的病僵果。不要使用刺槐作果园防护林，若已种植刺槐，应尽量压低其树冠，并注意喷药铲除病菌。生长期及时摘除树上病果，减少园内发病中心，防止扩散蔓延。发芽前，全园喷施 1 次铲除性药剂，如 30%龙灯福连（戊唑•多菌灵）悬浮剂 400 ～ 600 倍液、60%统佳（铜钙•多菌灵）可湿性粉剂 400 ～ 600 倍液、77%多宁（硫酸铜钙）可湿性粉剂 300 ～ 400 倍液或 45%代森铵水剂 200 ～ 300 倍液等，铲除树上残余病菌，并注意喷洒刺槐防护林。

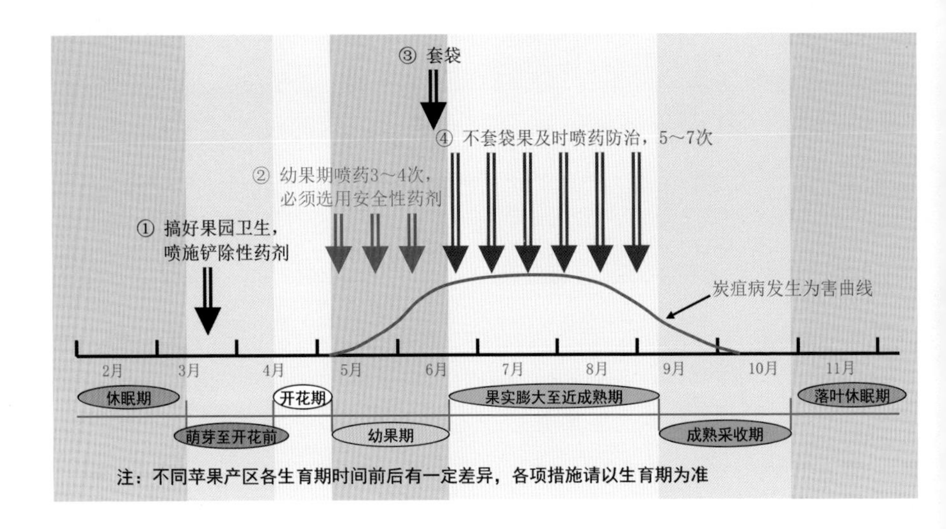

（2）**加强栽培管理** 尽量果实套袋，这样不仅可以提高果品质量，降低果实农药残留，而且还可在套袋后阻止病菌侵染果实，减少喷药次数，可谓“一举多得”（彩图 118）。增施农家肥及有机肥，培强树势，提高树体抗病能力，减轻病菌对枯死枝、破伤枝等衰弱组织的为害，降低园内病菌数量；合理修剪，使树冠通风透光，降低园内湿度，创造不利于病害发生的环境条件。

（3）**生长期药剂防治** 药剂防治的关键是适时喷药和选用有效药剂。一般从落花后 7 ～ 10 天开始喷药，10 天左右 1 次，连喷 3 次药后套袋；不套袋果则需连续喷药至采收前或降雨结束，并特别注意冰雹后及时喷药。具体喷药时间根据降雨情况决定，尽量在雨前喷药。炭疽病的发生特点与果实轮纹病相似，结合果实轮纹病防治即可基本控制炭疽病的发生为害。对炭疽病防治效果好的药剂有：30％龙灯福连悬浮剂 1000 ～ 1200 倍液、70％甲基托布津可湿性粉剂或 500 克 / 升悬浮剂 800 ～ 1000 倍液、500 克 / 升统旺（多菌灵）悬浮剂 800 ～ 1000 倍液、50％多菌灵可湿性粉剂 600 ～ 800 倍液、45％咪鲜胺乳油 1500 ～ 2000 倍液、25％欧利思（戊唑醇）水乳剂 2000 ～ 2500 倍液、80％太盛（代森锰锌）可湿性粉剂 800 ～ 1000 倍液、50％美派安（克菌丹）可湿性粉剂 600 ～ 800 倍液、25％溴菌腈可湿性粉剂 600 ～ 800 倍液、90％三乙膦酸铝可溶性粉剂 600 ～ 800 倍液、10％苯醚甲环唑水分散粒剂 1500 ～ 2000 倍液等。生产优质高档苹果的果园，幼果期或套袋前必须选用安全农药，以龙灯福连、甲基托布津、统旺、太盛为最佳选择。用刺槐作防护林的果园，每次喷药均应连同刺槐一起喷洒。

彩图 118 果实套袋防止中后期侵染

套袋果斑点病

症状诊断 套袋果斑点病只发生在套袋苹果上，其主要症状特点是：在果实表面产生一至数个褐色至黑褐色的小斑点。斑点多发生在萼洼处，有时也可产生在胴部、肩部及梗洼（彩图 119 ～彩图 121）。斑点只局限在果实表层，不深入果肉内部，也不能直接造成果实腐烂，仅影响果实的外观品质，不造成产量损失，但对果品价格影响较大（彩图 122）。斑点自针尖大小至小米粒大小、玉米粒大小不等，常几个至十数个，连片后呈黑褐色大斑。斑点类型因病菌种类不同而分为黑点型、红点型及褐斑型三种（彩图 123 ～彩图 125）。

发生特点 套袋果斑点病是一种高等真菌性病害，可由多种弱寄生性真菌引起。病菌在自然界广泛存在，通过气流及风雨进行传播。病菌不能侵害不套袋果实。套袋后，由于袋内温湿度的变化（温度高、湿度大）及果实抗病能力的降低（果皮幼嫩），而导致袋内果面上附着的病菌发生侵染，形成病斑，即病菌是在套袋时进入袋内的（套入袋内的）。套袋前阴雨潮湿，散落在果面上的病菌较多，病害发生较重；使用劣质果袋可加重该病发生；有机肥及钙肥缺乏或使用量偏低也可加重病害发生；套袋前药剂喷洒不当是导致该病发生的主要原因。该病发生侵染后，多从果实生长中后期开始表现症状，造成果品质量降低。

彩图 119　萼洼的套袋果斑点病典型病斑

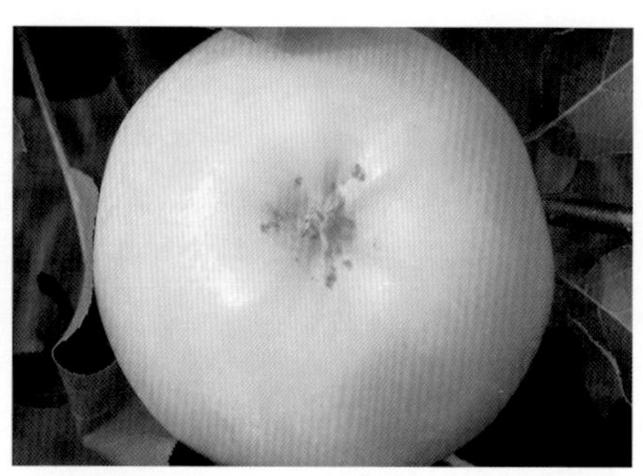

彩图 120　萼洼的套袋果斑点病发生初期

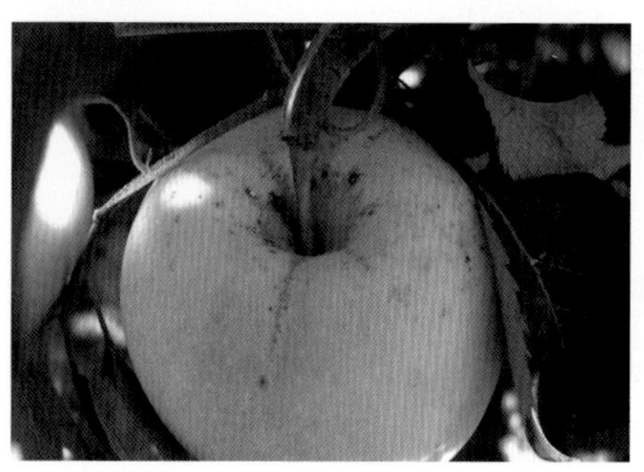

彩图 121　发生在梗洼的套袋果斑点病

彩图 122　套袋果斑点病病果（左）与好果（右）比较

彩图 123　黑点型病斑（粉红单端孢）

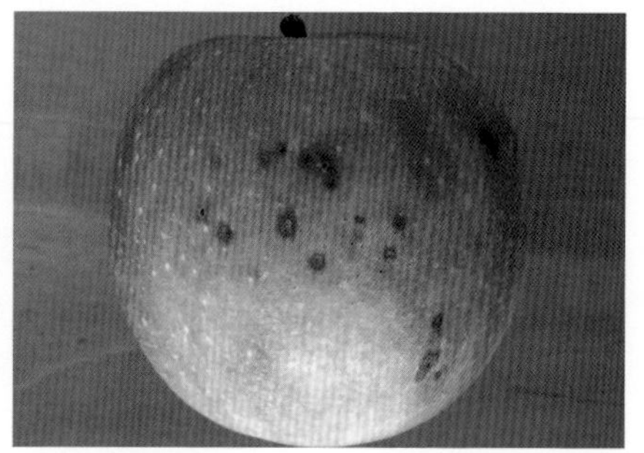

彩图 124　红点型病斑（链格孢）

彩图 125 褐斑型病斑（头孢霉）

防治技术

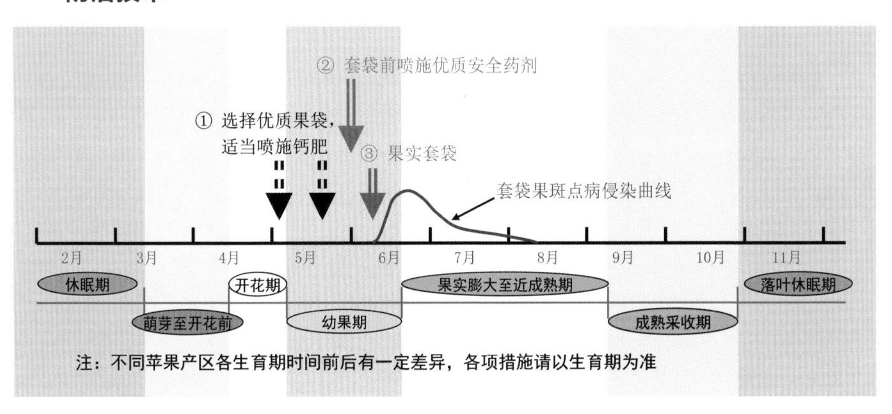

（1）**套袋前喷药预防** 套袋果斑点病的防治关键为套袋前喷洒优质高效药剂，即套袋前 5 ～ 7 天以内幼果表面应保证有药剂保护。为避免用药不当对幼果造成药害，套袋前必须选用安全有效农药。防病效果好且使用安全的药剂有：30％龙灯福连（戊唑·多菌灵）悬浮剂 800 ～ 1000 倍液（彩图 126）、70％甲基托布津可湿性粉剂或 500 克 / 升悬浮剂 800 ～ 1000 倍液＋ 80％太盛（代森锰锌）可湿性粉剂 800 ～ 1000 倍液、70％甲基托布津可湿性粉剂或 500 克 / 升悬浮剂 800 ～ 1000 倍液＋ 50％美派安（克菌丹）可湿性粉剂 600 ～ 800 倍液、500 克 / 升统旺（多菌灵）悬浮剂 600 ～ 800 倍液＋ 80％太盛（代森锰锌）可湿性粉剂 800 ～ 1000 倍液、3％多抗霉素可湿性粉剂 400 ～ 500 倍液等。

彩图 126　套袋前喷施龙灯福连，萼洼洁净无斑点

（2）**其他措施**　增施农家肥等有机肥及速效钙肥，提高果实抗病性能。选择透气性强、遮光好、耐老化的优质果袋，适时果实套袋。

疫腐病

症状诊断　疫腐病主要为害果实，也可为害根颈部及叶片。果实受害，多发生于近地面处，初期果面产生边缘不明显的淡褐色不规则形斑块；高温条件下，病斑迅速扩大成近圆形或不规则形，甚至大部或整个果面，淡褐色至褐色腐烂；有时病部表皮与果肉分离，外表似白蜡状；高湿时在病斑表面产生有白色棉毛状物，尤其在伤口及果肉空隙处常见（彩图 127 ～彩图 129）。腐烂果实有弹性，呈皮球状，最后失水干缩。根颈部受害，病部皮层变褐腐烂，严重时烂至木质部，高湿时腐烂皮层表面也可产生白色棉毛状物。轻病树，树势衰弱，发芽晚，叶片小而色淡，秋后叶片变紫、早期脱落；当腐烂病斑绕树干一周时，全树萎蔫、干枯而死亡（彩图 130）。叶片受害，产生暗褐色、水渍状、不规则形病斑，潮湿时病斑扩展迅速，使全叶腐烂。

彩图 127　疫腐病在膨大期果实上的症状

彩图 128　疫腐病在近成熟期果实上的症状

彩图 129　疫腐病病斑表面产生白色棉毛状物

彩图 130　疫腐病导致病树死亡

发生特点　疫腐病是一种低等真菌性病害，病菌可为害多种植物，主要以卵孢子及厚垣孢子在土壤中越冬，也可以菌丝体随病残组织越冬。生长季节遇降雨或灌溉时，产生病菌孢子，随雨水流淌、雨滴飞溅及流水进行传播为害。果实整个生长期均可受害，但以中后期果实受害较多，近地面果实受害较重。多雨年份发病重，地势低洼、果园杂草丛生、树冠下层枝条郁蔽等高湿环境易诱发果实受害；树干基部积水并有伤口时，容易导致根颈部受害。

防治技术

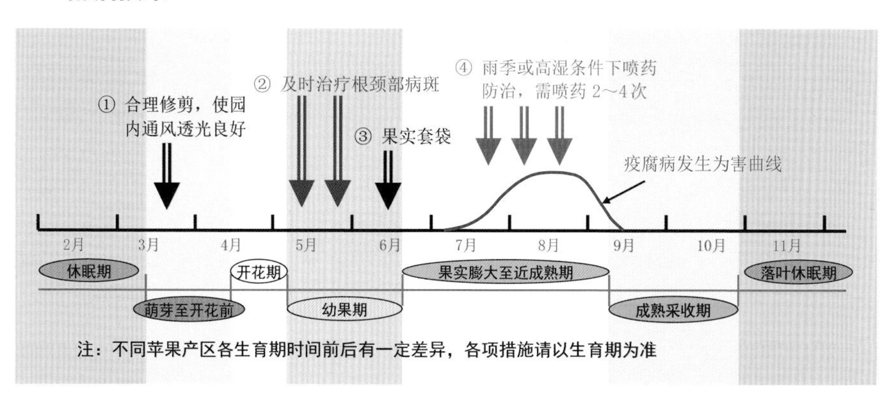

（1）**加强果园管理**　注意果园排水，及时中耕除草，疏除过密枝条及下垂枝，降低小气候湿度。及时回缩下垂枝，提高结果部位，树冠下铺草或覆盖地膜或果园生草栽培，可有效防止病菌向上传播，减少果实受害。尽量果实套袋，阻止病菌接触及侵染果实。果园内不要种植茄果类蔬菜，避免病菌相互传播、加重发病。及时清除树上及地面的病果、病叶，避免病害扩大蔓延。改变浇水方法，实施树干基部适当培土，防止树干基部积水，可基本避免根颈部受害。

（2）**喷药保护果实**　往年果实受害较重的果园，如果没有果实套袋，则从雨季到来前开始喷药保护果实，10～15天1次，需喷2～4次。常用有效药剂有：80%太盛（代森锰锌）可湿性粉剂600～800倍液、50%美派安（克菌丹）可湿性粉剂600～800倍液、77%多宁（硫酸铜钙）可湿性粉剂600～800倍液、90%三乙膦酸铝可溶性粉剂600～800倍液、50%烯酰吗啉水分散粒剂1500～2000倍液、72%甲霜灵·锰锌可湿性粉剂600～800倍液、72%霜脲·锰锌可湿性粉剂600～800倍液、60%锰锌·氟吗啉可湿性粉剂600～800倍液及1∶（2～3）∶（200～240）倍波尔多液等。喷药时，应着重喷洒下部果实及叶片，并注意喷洒树下地面。

（3）**及时治疗根颈部病斑**　发现病树后，及时扒土晾晒并刮除已腐烂变色的皮层，然后喷淋药剂保护伤口，并消毒树干周边土壤。常用有效药剂有：77%多宁可湿性粉剂400～500倍液、50%美派安可湿性粉剂400～500倍液、90%三乙膦酸铝可溶性粉剂400～500倍液、72%霜脲·锰锌可湿性粉剂400～600倍液等。同时，刮下的病组织要彻底收集并烧毁，严禁埋于地下。扒土晾晒后要用无病新土覆盖，覆土应略高于地面，避免根颈部积水。根颈部病斑较大时，应及时桥接，促进树势恢复。

蝇粪病

症状诊断　蝇粪病主要为害果实，发病后的主要症状特点是在果皮表面着生许多蝇粪状小黑点（彩图131）。小黑点常成片散生，表面光亮，稍隆起，有时呈轮纹状排列。小黑点附生在果实表面，用力可以擦去。该病主要影响果实的外观质量，降低品质，基本不造成实际的产量损失。

蝇粪病有时和霉污病混合发生，在同一果实上同时出现（彩图132）。

彩图 131　蝇粪病的典型病果

彩图 132　蝇粪病与霉污病混合发生

发生特点　蝇粪病是一种高等真菌性病害，是病菌在果实表面附生造成的。病菌主要在枝、芽、果薹、树皮等处越冬，多雨潮湿季节产生病菌孢子，通过风雨传播到果面上，以果面分泌物为营养进行附生，不侵入果实内部。果实生长中后期，多雨年份或雾大露重、低洼潮湿、树冠郁闭、通风透光不良的果园容易受害。在高湿环境下，果实表面的分泌物不易干燥，而诱发病菌以此为营养进行附生生长，导致果实发病。

防治技术

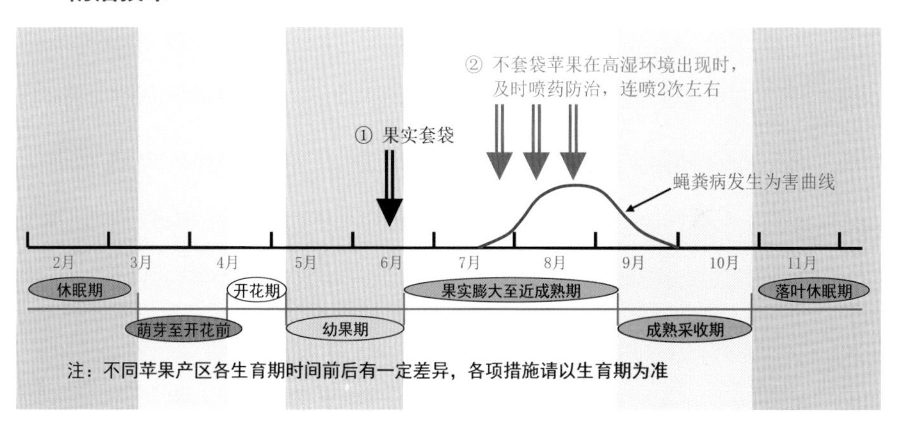

（1）**加强果园管理**　合理修剪，改善树体通风透光条件，雨季及时排除积水，注意中耕除草，降低果园内湿度，创造不利于病害发生的环境条件。实施果实套袋，有效阻断病菌在果面的附生。

（2）**适时喷药防治**　地势低洼、容易出现雾露环境的不套袋果园，或在多雨年份，果实生长中后期及时喷药防治，10 ～ 15 天 1 次，喷药 2 次左右即可有效防治蝇粪病的发生为害。常用有效药剂有：50％美派安（克菌丹）可湿性粉剂 600 ～ 800 倍液、30％龙灯福连（戊唑·多菌灵）悬浮剂

800 ～ 1000 倍液、80%太盛（代森锰锌）可湿性粉剂 800 ～ 1000 倍液、70%甲基托布津可湿性粉剂或 500 克 / 升悬浮剂 800 ～ 1000 倍液、500 克 / 升统旺（多菌灵）悬浮剂 600 ～ 800 倍液、77%多宁（硫酸铜钙）可湿性粉剂 800 ～ 1000 倍液、10%苯醚甲环唑水分散粒剂 1500 ～ 2000 倍液等。

果柄基腐病

症状诊断　果柄基腐病只为害果实，多发生在果实采后的贮藏运输期，有时近成熟期的树上果实也可受害。初期，果柄基部产生淡褐色至褐色坏死斑点，多不规则形；扩大后形成近圆形腐烂病斑，褐色至深褐色（彩图 133）。有时病斑表面产生灰白色至灰黑色的霉状物。严重时病斑向果实内部及周围扩展，造成果实大部分腐烂。

发生特点　果柄基腐病是一种高等真菌性病害，可由多种弱寄生真菌引起，病菌在自然界广泛存在，主要为害近成熟期乃至贮运期的果实，造成果实从果柄基部开始腐烂。病菌主要通过气流传播，从伤口侵染为害，特别是采收及采后摇动果柄造成的伤口最为重要。贮运期果柄失水干枯，可加重病害发生。

防治技术　防治果柄基腐病的关键是避免果柄摇动造成的果实受伤，即在苹果采收和采后包装时要轻拿轻放。其次，包装贮运时要仔细挑选，彻底剔除病虫伤果。第三，最好采取低温贮运，1 ～ 3℃贮运基本可以控制病害发生。

彩图 133　果柄基腐病病果

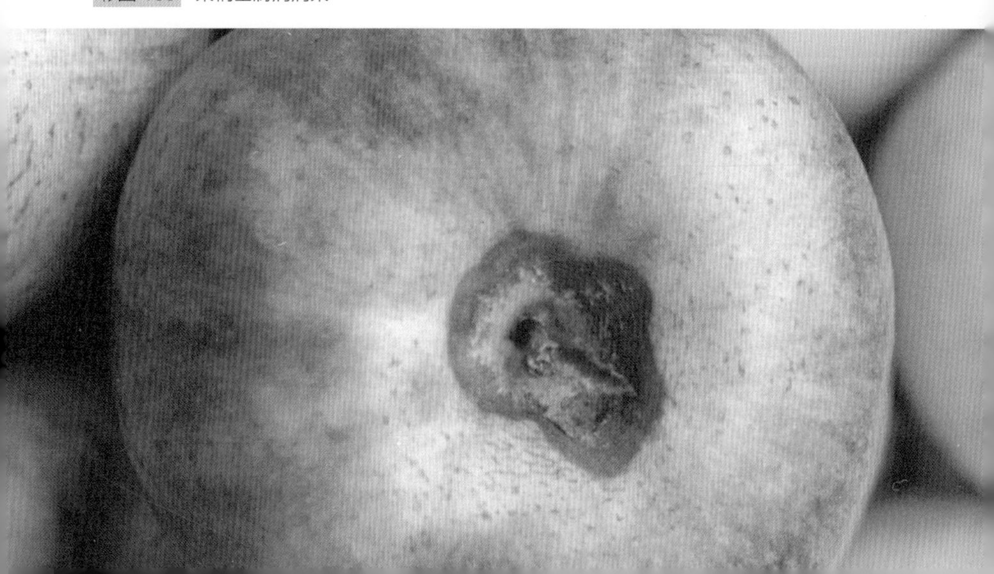

灰霉病

症状诊断　灰霉病主要为害果实，其主要症状特点是在病斑表面产生一层鼠灰色霉状物，该霉状物受振动或风吹产生灰色霉烟（彩图 134）。初期病斑呈淡褐色水渍状，扩展后形成淡褐色至褐色腐烂病斑，有时病斑略呈同心轮纹状，表面稍凹陷；后期，病斑表面或伤口处产生鼠灰色霉状物。严重时，病果大部或全部腐烂。

彩图 134　灰霉病病果

发生特点　灰霉病是一种高等真菌性病害，病菌寄主及生存范围非常广泛，在自然界广泛存在。借助气流传播，主要从伤口、衰弱或死亡组织进行侵染，进而扩展为害。果实受害的主要诱因是果实伤口，特别是鸟害啄伤、虫伤、不易愈合的机械伤等；高温高湿可以加重病害的发生。另外，贮运期病健果的接触也能使病害扩散蔓延。

防治技术

（1）**防止果实受伤**　加强栽培管理，增施有机肥及磷钙肥，提高树体抗病能力，促进伤口愈合。实施果实套袋，并注意防治为害果实的害虫。果实近成熟期后设置防鸟网，阻断鸟类对果实的啄伤为害（彩图 135）。

（2）**安全贮运**　包装贮运前仔细挑选，彻底剔除病虫伤果，并最好采用单果隔离包装。1 ～ 3℃低温贮运，可有效防止灰霉病在贮运期的发生。

彩图 135 架设防鸟网，阻断其啄食苹果

青霉病

症状诊断 青霉病只为害果实，主要发生在采后贮运期，多以伤口为中心开始发病。初期病斑淡褐色，圆形或近圆形；扩展后呈淡褐色腐烂（湿腐），表面平或凹陷，并呈锥形向果心蔓延；条件适宜时，病斑扩展迅速，十多天即可导致全果呈淡褐色至黄褐色腐烂，腐烂果肉呈烂泥状，并有强烈的特殊霉味（彩图 136）。潮湿条件下，随病斑扩展，表面可逐渐产生小瘤状霉丛。该霉丛初为白色，渐变为灰绿色，有时瘤状霉丛呈轮纹状排列，有时霉状物不呈丛状而呈层状。霉丛或霉层表面产生灰绿色粉状物，受振动或风吹时易形成“霉烟”。后期，病果失水干缩，果肉常全部消失，仅留一层果皮。

彩图 136　青霉病病果

发生特点　青霉病是一种高等真菌性病害，可由多种弱寄生青霉菌引起。病菌在自然界广泛存在，借助气流进行传播，从各种机械伤口（碰伤、挤压伤、刺伤、虫伤、雹伤等）侵染为害，病健果接触也可直接侵染。破伤果多少是影响病害发生轻重的主要因素，无伤果实很少发病。高温高湿条件有利于病害发生，但病菌耐低温，0℃时仍能缓慢发展。

防治技术

（1）**防止果实受伤**　这是防治青霉病发生的最根本措施。生长期注意防治蛀果害虫及鸟害；采收时合理操作，避免造成人为损伤；包装贮运前严格挑选，彻底剔除病、虫、伤果。

（2）**改善贮藏条件**　贮果前进行场所消毒，清除环境中病菌。尽量采用气调贮藏及低温贮藏，减轻病害发生。

（3）**药剂处理**　包装贮运前果实消毒，能显著减少贮运期青霉烂果的发生。一般使用 500 克 / 升抑霉唑乳油 1000 ～ 1500 倍液或 450 克 / 升咪鲜胺乳油 1000 ～ 1500 倍液浸果，浸泡 1 ～ 2 分钟后捞出、晾干，然后包装贮运。

白粉病

症状诊断　白粉病主要为害嫩梢和叶片，也可为害花、幼果和芽，发病后的主要症状特点是在受害部位表面产生一层白粉状物。

新梢受害，由病芽萌发而成，嫩叶和枝梢表面覆盖一层白粉，病梢节间短、细弱；严重时，一个枝条上可有多个病芽萌发形成的病梢；梢上病叶狭长，叶缘上卷，扭曲畸形，质硬而脆;后期新梢停止生长，叶片逐渐变褐枯死，甚至脱落，形成干橛（彩图 137 ～彩图 139)。适宜条件下，秋季病斑表面可产生许多黑色毛刺状物（彩图 140)。嫩梢也可受害，表面产生白粉状物或黑色毛刺状物。展叶后受害的叶片，发病初期产生近圆形白色粉斑（彩图 141)，病叶常皱缩扭曲，严重时全叶逐渐布满白色粉层，后期病叶表面也可产生黑色毛刺状物（彩图 142、彩图 143)；病叶易干枯脱落。花器受害，花萼及花柄扭曲，花瓣细长瘦弱，病部表面产生白粉，病花很少坐果（彩图 144)。幼果受害，多在萼凹处产生病斑，病斑表面布满白粉，后期病斑处表皮变褐。

彩图 137　病芽萌发形成的病梢

彩图 138　一个枝条上具有多个病芽形成的病梢

彩图 139　嫩梢表面产生白粉状物

彩图 140　嫩梢表面后期产生黑色毛刺状物

彩图 141　展开叶片受害，发病初期

彩图 142　展开叶片受害后期，表面布满白粉状物

彩图 143　病叶表面产生白粉状物及黑色毛刺状物

彩图 144　花器受害症状（病花芽萌发形成）

发生特点　白粉病是一种高等真菌性病害，病菌主要以菌丝体在病芽内越冬。第二年，病芽萌发形成病梢，产生大量病菌孢子，成为初侵染来源。病菌孢子通过气流传播，从气孔侵染幼叶、幼果、嫩芽、嫩梢进行为害。该病有多次再侵染。病菌主要侵害幼嫩叶片，一年有两个为害高峰，与新梢生长期相吻合，但以春梢生长期为害较重。

白粉病病菌喜湿怕水，春季温暖干旱、夏季多雨凉爽、秋季晴朗有利于病害的发生和流行；连续下雨会抑制白粉病的发生。一般在干旱年份的潮湿环境中发生较重。果园偏施氮肥或钾肥不足，种植过密，土壤黏重，积水过多发病较重。

防治技术

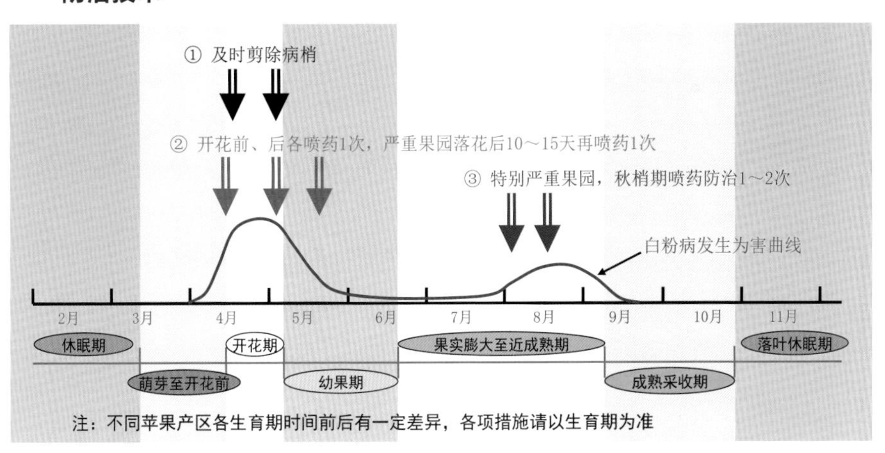

（1）**加强果园管理**　采用配方施肥技术，增施有机肥及磷、钾肥，避免偏施氮肥。合理密植，及时修剪，控制灌水，创造不利于病害发生的环境条件。往年发病较重的果园，开花前后及时巡回检查并剪除病梢，集中深埋或销毁，减少果园内发病中心及菌量。

（2）**药剂防治**　一般果园在萌芽后开花前和落花后各喷药1次，即可有效控制该病的发生为害；严重果园，还需在落花后10～15天再喷药1次。常用有效药剂有：40%腈菌唑可湿性粉剂6000～8000倍液、10%苯醚甲环唑水分散粒剂2000～3000倍液、12.5%烯唑醇可湿性粉剂2000～2500倍液、25%欧利思（戊唑醇）水乳剂2000～2500倍液、25%乙嘧酚悬浮剂800～1000倍液、4%四氟醚唑水乳剂600～800倍液、30%龙灯福连（戊唑·多菌灵）悬浮剂800～1000倍液、70%甲基托布津可湿性粉剂或500克/升悬浮剂800～1000倍液、15%三唑酮可湿性粉剂1000～1200倍液等。特别严重果园，秋梢期再喷施上述药剂1～2次，即可完全控制白粉病的为害。

白星病

症状诊断　白星病主要为害叶片，多在夏末至秋季发生。病斑圆形或近圆形，灰白色，稍凹陷，直径2～3毫米，有较细的褐色边缘，后期表面可散生许多小黑点（彩图145）。常多个病斑散生，一般为害不重，但严重时也可造成部分叶片脱落。

彩图145　白星病为害叶片的症状表现

发生特点 白星病是一种高等真菌性病害，病菌主要以菌丝体或分生孢子器在落叶上越冬。第二年产生病菌孢子，通过风雨传播，主要从伤口侵染叶片为害。管理粗放、地势低洼、土壤黏重、排水不良的果园容易发病，树势衰弱时病害发生较重。

防治技术

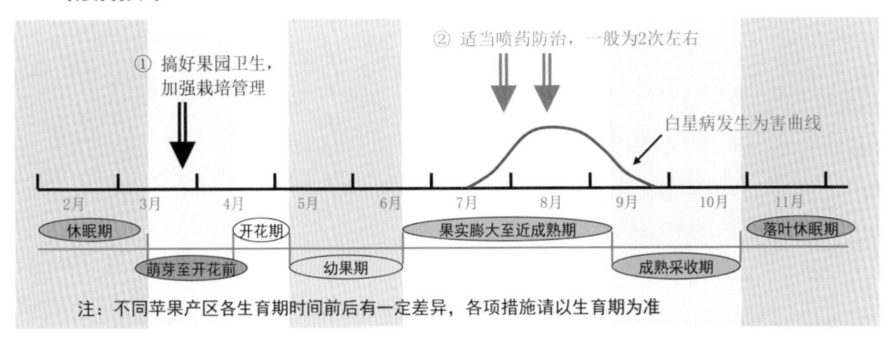

（1）**加强果园管理** 落叶后至发芽前彻底清除树上、树下的病残落叶，集中销毁，消灭病菌越冬场所。增施农家肥等有机肥，科学配合施用速效化肥，培强树势，提高树体抗病能力。合理结果量，合理修剪，低洼果园注意及时排水。

（2）**适当药剂防治** 该病一般不需单独药剂防治，个别受害严重果园从发病初期开始喷药，10～15天1次，连喷2次左右即可有效控制该病的发生为害，也可结合防治褐斑病、斑点落叶病等早期落叶病进行综合防治。对白星病效果较好的药剂有：70%甲基托布津可湿性粉剂或500克/升悬浮剂800～1000倍液、30%龙灯福连（戊唑·多菌灵）悬浮剂1000～1200倍液、500克/升统旺（多菌灵）悬浮剂800～1000倍液、10%苯醚甲环唑水分散粒剂1500～2000倍液、25%戊唑醇乳油或水乳剂2000～2500倍液、80%太盛（代森锰锌）可湿性粉剂800～1000倍液、50%美派安（克菌丹）可湿性粉剂600～800倍液等；全套袋果园还可选用77%多宁（硫酸铜钙）可湿性粉剂600～800倍液、60%统佳（铜钙·多菌灵）可湿性粉剂600～800倍液及1∶（2～3）∶（200～240）倍波尔多液等。

斑点落叶病

症状诊断 斑点落叶病主要为害叶片，也可为害果实和一年生枝条。叶片受害，主要发生在嫩叶阶段，初期形成褐色圆形小斑点，直径2～3毫米；

后逐渐扩大成褐色至红褐色病斑，直径 6 ～ 10 毫米或更大，边缘紫褐色，近圆形或不规则形，有时病斑呈同心轮纹状；严重时，病斑扩展连合，形成不规则形大斑，并常造成早期落叶（彩图 146 ～彩图 150）。湿度大时，病斑表面可产生墨绿色至黑色霉状物。叶柄也可受害，形成褐色长条形病斑，易造成叶片脱落（彩图 151）。

彩图 146　斑点落叶病在叶片上的初期病斑

彩图 147　黄叶病病叶上的斑点落叶病病斑

彩图 148　典型斑点落叶病病斑，具有同心轮纹

彩图 149　斑点落叶病导致枝条叶片大部分脱落

彩图 150　斑点落叶病导致落叶满地

彩图 151　斑点落叶病在叶柄上的病斑

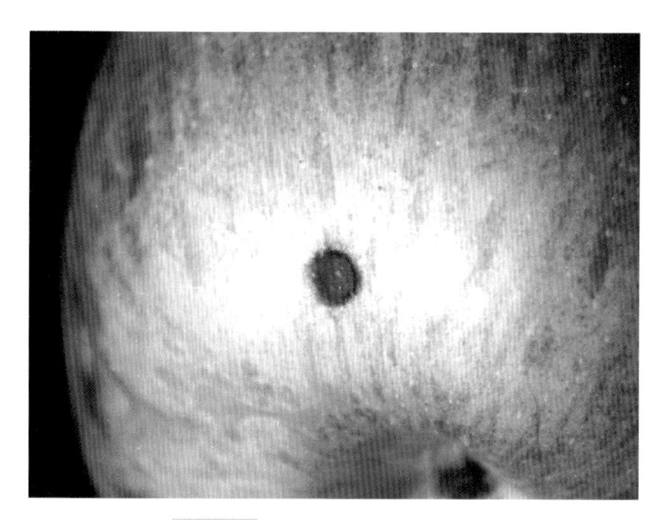

彩图 152 斑点落叶病在果实上的病斑

果实受害，多形成褐色至黑褐色圆形凹陷病斑，直径多为 2 ～ 3 毫米，不造成果实腐烂（彩图 152）。枝条受害，多发生在一年生枝上，形成灰褐色至褐色凹陷坏死病斑，直径 2 ～ 6 毫米，后期边缘常开裂。

发生特点 斑点落叶病是一种高等真菌性病害，病菌对苹果叶片具有很强的致病力，叶片上具有 3 ～ 5 个病斑时即可引起病叶脱落。该病菌主要以菌丝体在落叶及枝条上越冬，翌年产生病菌孢子，随气流及风雨传播，直接或从气孔侵染叶片进行为害。潜育期很短，1 ～ 2 天后即可发病，再侵染次数多，流行性很强。每年有春梢期（5 月初至 6 月中旬）和秋梢期（8 ～ 9 月份）两个为害高峰，防治不当时有可能造成两次大量落叶。

斑点落叶病的发生轻重主要与降雨和品种关系密切，高温多雨时有利于病害发生，春季干旱年份病害始发期推迟，夏季降雨多发病重。另外，有黄叶病的叶片容易受害。元帅系品种最易感病，有些沿海地区富士系列品种也容易受害。此外，树势衰弱、通风透光不良、地势低洼、地下水位高、枝细叶嫩及沿海地区等均易发病。

防治技术 斑点落叶病的防治关键，是在搞好果园管理的基础上应立足于早期药剂防治。春梢期防治病菌侵染，减少园内菌量；秋梢期防治病害扩散蔓延，避免造成早期落叶。

（1）**加强果园栽培管理** 结合冬剪，彻底剪除病枝。落叶后至发芽前彻底清除落叶，集中烧毁，消灭病菌越冬场所。合理修剪，及时剪除夏季徒长枝，使树冠通风透光，降低园内小气候环境湿度。地势低洼、水位高的果园要注意排水。科学施肥，增强树势，提高树体抗病能力。

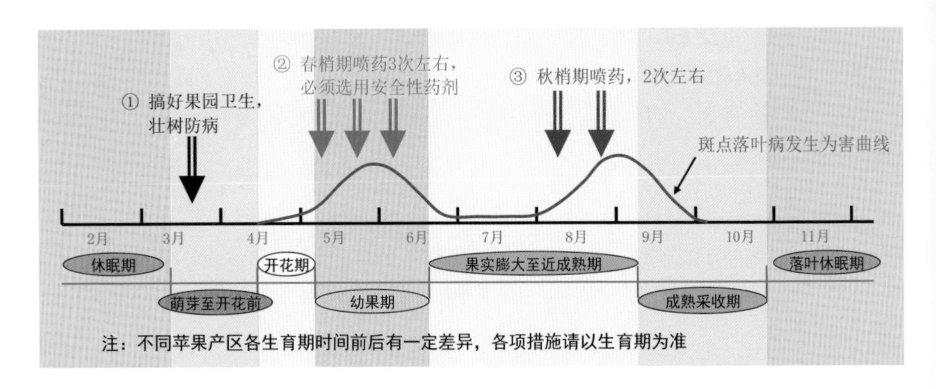

（2）**科学药剂防治** 药剂防治是有效控制斑点落叶病为害的主要措施。关键要抓住两个为害高峰：春梢期从落花后即开始喷药（严重地区花序呈铃铛球期喷第1次药），10天左右1次，需喷药3次左右；秋梢期根据降雨情况在雨季及时喷药保护，一般喷药2次左右即可控制该病为害（元帅系品种需喷药2～3次）。常用有效药剂有：30%龙灯福连（戊唑·多菌灵）悬浮剂1000～1200倍液、10%多抗霉素可湿性粉剂1000～1500倍液、1.5%多抗霉素可湿性粉剂300～400倍液、25%欧利思（戊唑醇）水乳剂2000～2500倍液、80%太盛（代森锰锌）可湿性粉剂800～1000倍液、50%克菌丹（美派安）可湿性粉剂600～800倍液、75%好速净（异菌·多·锰锌）可湿性粉剂600～800倍液、45%统俊（异菌脲）悬浮剂1000～1500倍液、10%苯醚甲环唑水分散粒剂1500～2000倍液、50%异菌脲可湿性粉剂1000～1200倍液等。尽量掌握在雨前喷药效果较好，但必须选用耐雨水冲刷药剂。

褐斑病

症状诊断 褐斑病又名“绿缘褐斑病”，主要为害叶片，造成早期落叶，有时也可为害果实。叶片发病后的主要症状特点是：病斑中部褐色，边缘绿色，外围变黄，病斑上产生许多小黑点，病叶极易脱落（彩图153）。

褐斑病在叶片上的症状特点可分为三种类型：

（1）**针芒型** 病斑小，数量多，呈针芒放射状向外扩展，没有明显边缘，无固定形状，小黑点呈放射状排列或排列不规则（彩图154）。

（2）**同心轮纹型** 病斑近圆形，较大，直径多6～12毫米，边缘清楚，病斑上小黑点排列成近轮纹状（彩图155）。

（3）**混合型**　病斑大，近圆形或不规则形，中部小黑点呈近轮纹状排列或散生，边缘有放射状褐色条纹或放射状排列的小黑点（彩图 156）。

果实多在近成熟期受害，病斑圆形，褐色至黑褐色，直径 6 ～ 12 毫米，中部凹陷，表面散生小黑点，仅果实表层及浅层果肉受害，病果肉呈褐色海绵状干腐，有时病斑表面发生开裂（彩图 157）。

彩图 153　褐斑病造成叶片大量早期脱落

彩图 154　褐斑病的针芒型病斑

彩图 155　褐斑病的同心轮纹型病斑

彩图 156　褐斑病的混合型病斑

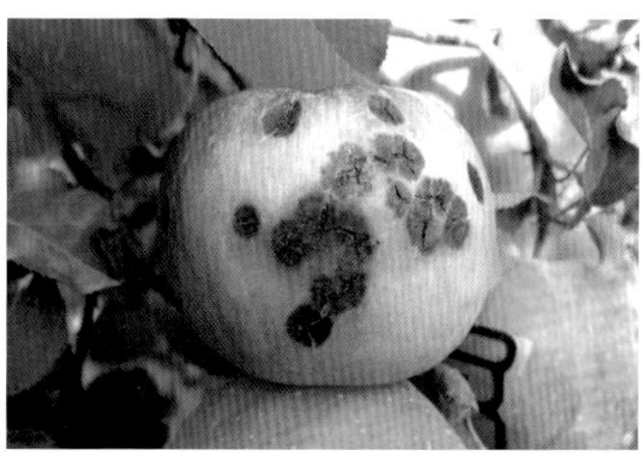

彩图 157　褐斑病在果实上的症状

发生特点 褐斑病是一种高等真菌性病害，病菌主要以菌丝体在病落叶中越冬。第二年越冬病菌产生大量病菌孢子，通过风雨（雨滴反溅最为重要）进行传播，直接侵染叶片为害。树冠下部和内膛叶片最先发病，然后逐渐向上及外围蔓延（彩图 158）。该病潜育期短，一般为 6 ～ 12 天（随气温升高潜育期缩短），在果园内有多次再侵染。褐斑病发生轻重，主要取决于降雨，尤其是 5 ～ 6 月份的降雨情况，雨多、雨早病重，干旱年份病轻。另外，弱树、弱枝病重，壮树病轻；树冠郁蔽病重，通风透光病轻；管理粗放果园病害发生早而重。多数苹果产区，6 月上中旬开始发病，7 ～ 9 月份为发病盛期。降雨多、防治不及时时，7 月中下旬即开始落叶，8 月中旬即可落去大半，8 月下旬至 9 月初叶片落光，导致树体发二次芽、长二次叶（彩图 159）。

彩图 158 褐斑病从树冠中下部枝条上开始发生

彩图 159 褐斑病早期落叶后，又发二次芽

防治技术 褐斑病防治以彻底清除落叶、加强栽培管理、增强树势为中心，及时早期合理喷药防治为重点。

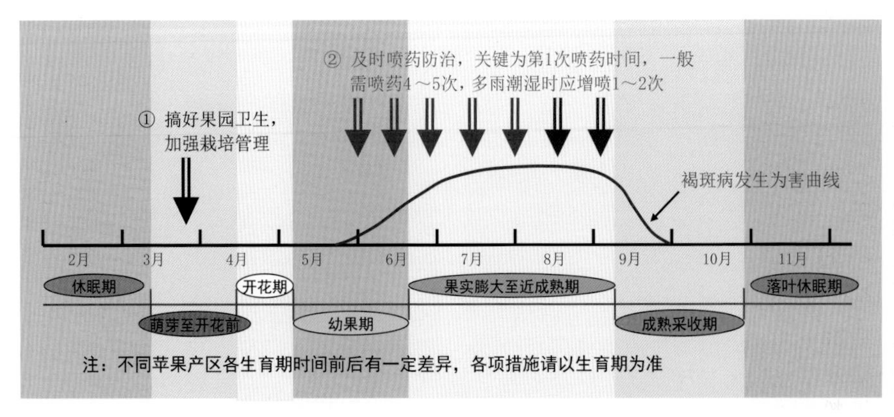

（1）**搞好果园卫生** 落叶后至发芽前，先树上、后树下彻底清除病落叶，集中深埋或销毁，并在发芽前翻耕果园土壤，促进残碎病叶腐烂分解，铲除病菌越冬场所（彩图160）。

彩图160 苹果休眠期，园内的大量落叶

（2）**加强栽培管理** 增施肥水，合理结果量，促使树势健壮，提高树体抗病能力。科学修剪，特别是及时进行夏剪，使树体及果园通风透光，降低园内湿度，控制病害发生。土壤黏重或地下水位高的果园要注意排水，保持适宜的土壤含水量。

（3）**及时喷药防治** 药剂防治的关键是首次喷药时间，应掌握在历年发病前10天左右开始喷药。第1次喷药一般应在5月底至6月上旬进行，以后每10～15天喷药1次，一般年份需喷药3～5次。对于套袋苹果，一般为套袋前喷药1次，套袋后喷药2～4次。在多雨年份或地区还要增喷1～2次。效果较好的内吸治疗性杀菌剂有：30%龙灯福连（戊唑·多菌灵）悬浮剂1000～1200倍液、70%甲基托布津可湿性粉剂或500克/升悬浮剂800～1000倍液、25%戊唑醇水乳剂或乳油2000～2500倍液、10%苯醚甲环唑水分散粒剂1500～2000倍液、10%己唑醇乳油或悬浮剂2000～2500倍液、500克/升统旺（多菌灵）悬浮剂1000～1200倍液、50%多菌灵可湿性粉剂600～800倍液、60%统佳（铜钙·多菌灵）可湿性粉剂600～800

倍液等。效果较好的保护性杀菌剂有：80%太盛（代森锰锌）可湿性粉剂800～1000倍液、50%美派安（克菌丹）可湿性粉剂600～800倍液、77%多宁（硫酸铜钙）可湿性粉剂600～800倍液及1∶（2～3）∶（200～240）倍波尔多液等。具体喷药时，第1次药建议选用内吸治疗性药剂，以后保护性药剂与内吸治疗性药剂交替使用。多宁相当于工业化生产的波尔多粉，使用方便，喷施后不污染叶片、果面，并可与不含金属离子的非碱性药剂混合喷雾。多宁、统佳、波尔多液均属铜素杀菌剂，防治褐斑病效果好，但不宜在没有全套袋的苹果上使用（适用于全套袋苹果全套袋后喷施），否则在连阴雨时可能会出现果实药害（彩图161、彩图162）。

喷药时尽量掌握在雨前进行，并必须选用耐雨水冲刷药剂，且喷药应均匀、周到，特别要喷洒到树冠内膛及中下部叶片。

彩图161　波尔多液在叶片上的药斑

彩图162　波尔多液对果实的污染

黑星病

症状诊断　黑星病主要为害叶片和果实，发病后的主要症状特点是在病斑表面产生墨绿色至黑色霉状物。叶片受害，正反两面均可出现病斑，病斑初为淡褐色，逐渐变为黑褐色至黑色，表面产生平绒状黑色霉层，圆形或放射状，直径3～6毫米，边缘不明显；后期，病斑向上凸起，中央变灰色或灰黑色；病斑多时，叶片扭曲畸形，甚至早期脱落（彩图163、彩图164）。果实受害，多发生在肩部或胴部，初为黄绿色，渐变为黑褐色至黑色，圆形或椭圆形，表面有灰黑色至黑色霉层（彩图165）。随果实生长膨大，病斑逐渐凹陷、硬化（彩图166）。严重时，病部凹陷龟裂，病果变为凹凸不平的畸形果（彩图167）。

彩图 163　黑星病叶片正面病斑

彩图 164　黑星病叶片背面病斑

彩图 165　黑星病在幼果上的病斑

彩图 166　黑星病在近成熟果上的轻度病斑

彩图 167　黑星病导致果实表面龟裂

发生特点　黑星病是一种高等真菌性病害，病菌主要以菌丝体在落叶中形成假囊壳越冬。第二年春季子囊孢子开始成熟，遇雨水时子囊孢子释放到空中，通过气流或风雨传播，侵染幼叶、幼果。叶片和果实发病 15 天左右后，病斑上开始产生新的病菌孢子（分生孢子），该病菌孢子经风雨传播，进行再侵染。该病菌从落花后到果实成熟期均可进行为害，在果园内有多次再侵染。降雨早、雨量大的年份发病早且重，特别是 5 ～ 6 月份的降雨，是影响病害发生轻重的重要因素；夏季阴雨连绵，病害流行快。苹果品种间感病差异明显，主要以小苹果类品种受害严重。

防治技术

（1）**搞好果园卫生**　落叶后至发芽前，彻底清扫落叶，集中深埋或烧毁，避免病菌在其上越冬。不易清扫落叶的果园，发芽前使用 77%多宁（硫酸铜钙）可湿性粉剂 200 ～ 300 倍液、60%统佳（铜钙·多菌灵）可湿性粉剂 200 ～ 300 倍液、45%代森铵水剂 100 ～ 200 倍液、10%硫酸铵溶液或 5%尿素溶液喷洒地面落叶，以杀死病叶中越冬的病菌。

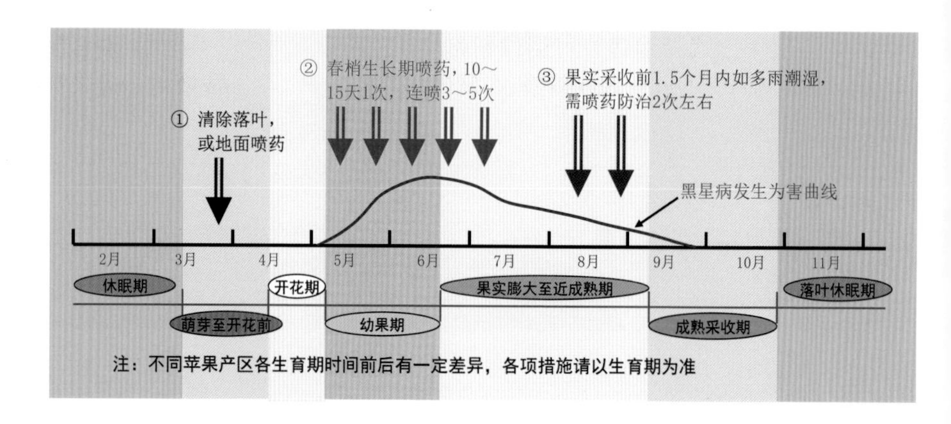

（2）**生长期药剂防治** 关键为喷药时期，落花后至春梢停止生长期最为重要，应根据降雨情况及时喷药防治。10～15天1次，严重地区应连续喷施3～5次。幼果期病害发生较重的果园，果实成熟前1.5个月内仍需喷药2次左右，以保护果实。雨前喷药效果最好，但必须选用耐雨水冲刷药剂。前期（幼果期）可选用的药剂有：40%腈菌唑可湿性粉剂6000～8000倍液、10%苯醚甲环唑水分散粒剂2500～3000倍液、40%氟硅唑乳油7000～8000倍液、12.5%烯唑醇可湿性粉剂2000～2500倍液、30%龙灯福连（戊唑·多菌灵）悬浮剂1000～1200倍液、25%戊唑醇水乳剂或乳油2000～2500倍液、70%甲基托布津可湿性粉剂或500克/升悬浮剂800～1000倍液、500克/升统旺（多菌灵）悬浮剂600～800倍液、80%太盛（代森锰锌）可湿性粉剂800～1000倍液、50%美派安（克菌丹）可湿性粉剂600～800倍液等。后期除前期有效药剂可继续选用外，还可选用77%多宁可湿性粉剂800～1000倍液、60%统佳可湿性粉剂600～800倍液等铜素杀菌剂。

轮纹叶斑病

症状诊断 轮纹叶斑病主要为害叶片，以成熟叶片受害较多。病斑多从叶缘或叶中开始发生，初为褐色斑点，逐渐扩展成半圆形或近圆形褐色坏死病斑，具明显或不明显同心轮纹（彩图168）。病斑较大，直径多2～3厘米。潮湿时，病斑表面产生黑褐色至黑色霉状物（彩图169）。该病不易造成叶片脱落。

发生特点 轮纹叶斑病是一种高等真菌性病害，病菌主要以菌丝体或分生孢子在病落叶上越冬。第二年越冬病菌产生分生孢子，通过风雨传播，直接或从伤口侵染叶片进行为害。该病多从 8 月份开始发生，多雨潮湿、树势衰弱常加重该病为害。多为零星发生，很少造成落叶。

防治技术

（1）**加强果园管理** 落叶后至发芽前彻底清除树上、树下的病残落叶，搞好果园卫生，清除越冬菌源。增施农家肥等有机肥，科学施用速效化肥，培强树势。合理结果量，合理修剪，低洼果园注意及时排水。

（2）**适当药剂防治** 该病一般不需单独药剂防治，个别往年发病严重果园从发病初期开始喷药，10 ～ 15 天 1 次，连喷 2 次左右。常用有效药剂有：70%甲基托布津可湿性粉剂或 500 克 / 升悬浮剂 800 ～ 1000 倍液、30%龙灯福连（戊唑•多菌灵）悬浮剂 1000 ～ 1200 倍液、500 克 / 升统旺（多菌灵）悬浮剂 600 ～ 800 倍液、10%苯醚甲环唑水分散粒剂 1500 ～ 2000 倍液、25%戊唑醇乳油或水乳剂 2500 ～ 3000 倍液、80%太盛（代森锰锌）可湿性粉剂 800 ～ 1000 倍液、50%美派安（克菌丹）可湿性粉剂 600 ～ 800 倍液等。全套袋果园还可选用 77%多宁（硫酸铜钙）可湿性粉剂 600 ～ 800 倍液、60%统佳（铜钙•多菌灵）可湿性粉剂 600 ～ 800 倍液及 1∶（2 ～ 3）∶（200 ～ 240）倍波尔多液等。

彩图 168　轮纹叶斑病病斑表面具有不规则同心轮纹

彩图 169　轮纹叶斑病病斑表面产生黑褐色至黑色霉状物

炭疽叶枯病

症状诊断 炭疽叶枯病是近两年来在黄河故道地区新发生的一种严重病害，主要为害叶片，造成大量早期落叶，严重时还可为害果实。

叶片受害，初期产生深褐色坏死斑点，边缘不明显，扩展后形成褐色至深褐色病斑，圆形、近圆形、长条形或不规则形，病斑大小不等，外围常有黄色晕圈，病斑多时叶片很快脱落；在高温高湿的适宜条件下，病斑扩展迅速，1～2天内即可蔓延至整张叶片，使叶片变褐色至黑褐色坏死，随后病叶失水焦枯、脱落，病树2～3天即可造成大量落叶（彩图170～彩图172）。环境条件不适宜时，病斑较小，有时单叶片上病斑较多，症状表现酷似褐斑病为害，但该病叶在30℃下保湿1～2天后病斑上可产生大量淡黄色分生孢子堆，这是与褐斑病的主要区别。

彩图170 炭疽叶枯病病叶

彩图171 炭疽叶枯病严重时，病叶变黄、脱落

彩图172 炭疽叶枯病造成大量落叶

果实受害，初为红褐色小点，后发展为褐色圆形或近圆形病斑，表面凹陷，直径多2毫米左右，周围有红褐色晕圈，病斑下果肉呈褐色海绵状，深约2毫米（彩图173）。后期病斑表面可产生小黑点，与炭疽病类似，但病斑小，且不造成果实腐烂。

发生特点 炭疽叶枯病是一种高等真菌性病害，病菌可能主要以菌丝体及子囊壳在病落叶上越冬，也有可能在病僵果、果薹及干枝上越冬。第二年产生大量病菌孢子（子囊孢子及分生孢子），通过气流（子囊孢子）及风雨（分生孢子）进行传播，从皮孔或直接侵染为害。一般条件下潜育期7天以上，但在高温高湿的适宜环境下潜育期很短，发病很快；在试验条件下，30℃仅需2小时保湿就能完成侵染过程。该病潜育期短，再侵染次数多，流行性很强，

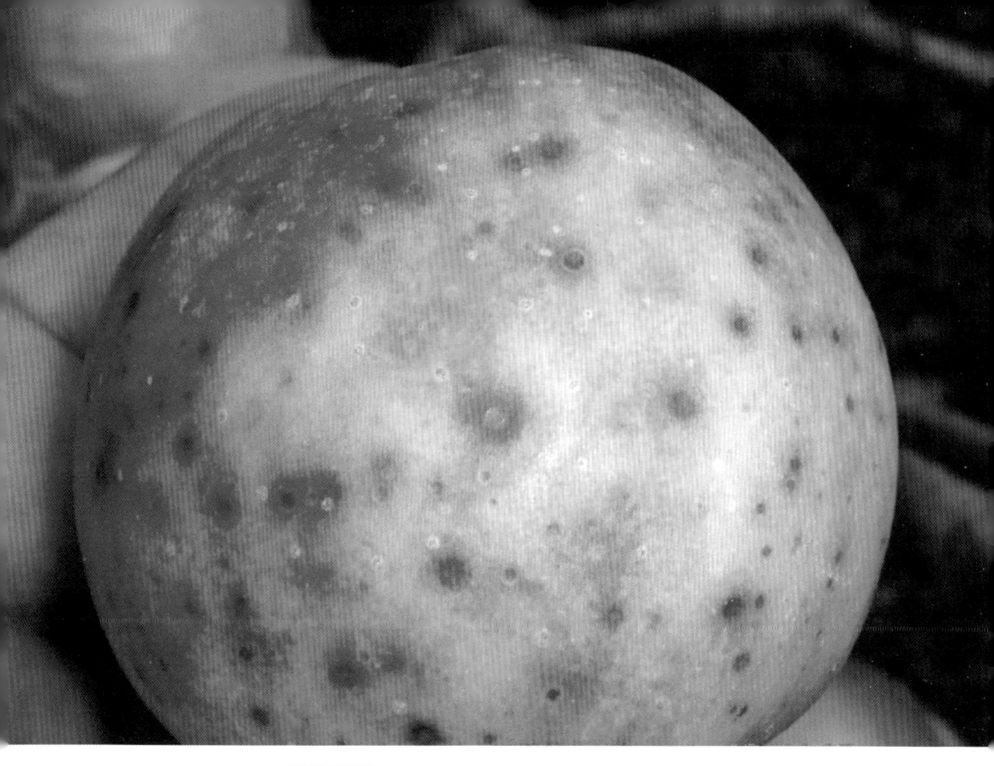

彩图 173　炭疽叶枯病在果实上的症状表现

特别在高温高湿环境下常造成大量早期落叶，导致发二次芽、开二次花。

降雨是炭疽叶枯病发生的必要条件，连阴雨易造成该病大发生，特别是 7 ～ 9 月份的降雨影响最大。苹果品种间抗病性有很大差异，嘎啦、金冠、秦冠、乔纳金最易感病，富士系列、美国 8 号、藤木 1 号及红星系列品种较抗病。地势低洼、树势衰弱、枝叶茂密、结果量过大等均可加重病害发生。

防治技术

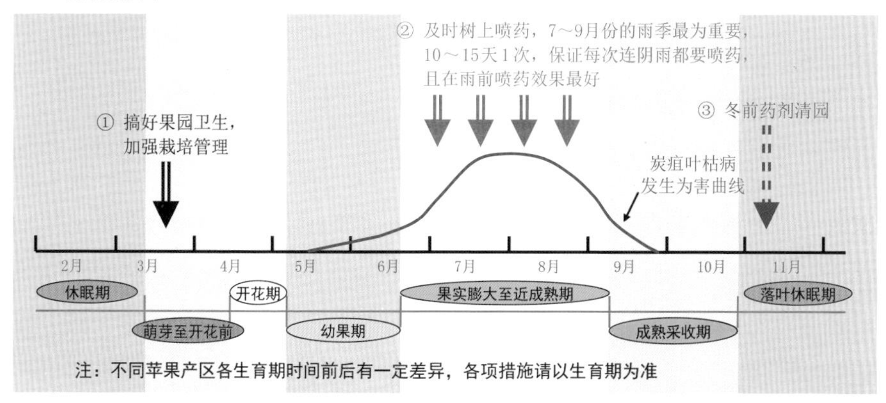

（1）**搞好果园卫生，消灭越冬菌源**　落叶后至发芽前，先树上、后树下彻底清除落叶，集中销毁或深埋。之后在发芽前喷洒 1 次铲除性药剂，铲除残余病菌，并注意喷洒果园地面；如果当年病害发生较重，最好在落叶后冬前提前喷洒 1 次清园药剂。清园有效药剂有：77％多宁（硫酸铜钙）可湿性粉剂 300 ～ 400 倍液、60％统佳（铜钙·多菌灵）可湿性粉剂 300 ～ 400 倍液及 1 ∶ 1 ∶ 100 倍波尔多液等。

（2）**加强栽培管理**　增施农家肥等有机肥，科学配合施用速效化肥，培强树势，提高树体抗病能力。合理修剪，促使果园通风透光，雨季注意及时排水，降低园内湿度，创造不利于病害发生的环境条件。

（3）**及时喷药防治**　在 7 ～ 9 月份的雨季，根据天气预报及时在雨前喷药防病，特别是将要出现连阴雨时尤为重要，10 ～ 15 天 1 次，保证每次出现超过 2 天的连阴雨前叶片表面都要有药剂保护。效果较好的药剂有：80％太盛（代森锰锌）可湿性粉剂 800 ～ 1000 倍液、70％丙森锌可湿性粉剂 600 ～ 800 倍液、30％龙灯福连（戊唑·多菌灵）悬浮剂 1000 ～ 1200 倍液、77％多宁可湿性粉剂 600 ～ 800 倍液、60％统佳可湿性粉剂 600 ～ 800 倍液及 1 ∶ 2 ∶ 200 倍波尔多液等。需要注意，多宁、统佳及波尔多液均为含铜杀菌剂，只能在苹果全套袋后使用。

锈病

症状诊断　锈病主要为害叶片，也可为害果实、叶柄、果柄及新梢等绿色幼嫩组织。发病后的主要症状特点是：病部橙黄色，组织肥厚肿胀，表面初生黄色小点（性子器），后渐变为黑色，后期病斑上产生淡黄褐色的长毛状物（锈子器）。

叶片受害，首先在叶正面产生有光泽的橙黄色小斑点，后病斑逐渐扩大，形成近圆形的橙黄色肿胀病斑，叶背面逐渐隆起，叶正面外围呈现黄绿色或红褐色晕圈，表面产生橘黄色小粒点，并分泌黄褐色黏液；稍后黏液干涸，小粒点变为黑色；病斑逐渐肥厚，两面进一步隆起；最后，病斑背面丛生出许多淡黄褐色长毛状物（彩图 174 ～彩图 177）。叶片上病斑多时，病叶扭曲畸形，易变黄早落。

果实受害，症状表现及发展过程与叶片相似，初期病斑组织呈橘黄色肿胀，逐渐在肿胀组织表面产生颜色稍深的橘黄色小点，渐变黑色，后期在小黑点

彩图 174 锈病发生初期，叶背组织肿胀

彩图 175 叶片病斑正面产生橘黄色小点

彩图 176 病斑正面的橘黄色小点变成黑色

彩图 177 叶片背面产生黄褐色毛状物

彩图 178 锈病病果表面产生的橘黄色肿胀病斑

彩图 179 锈病果实病斑表面产生的小黑点

旁边产生黄色长毛状物（彩图 178、彩图 179）。新梢、果柄、叶柄也可受害，症状表现与果实相似，但多为纺锤形病斑。

发生特点 锈病是一种转主寄生型高等真菌性病害，其转主寄主主要为桧柏。桧柏受害，主要在小枝上产生黄褐色至褐色的瘤状菌瘿（冬孢子角）。病菌以菌丝体或冬孢子角在转主寄主上越冬。第二年春天，阴雨后越冬菌瘿萌发，产生冬孢子角及冬孢子，冬孢子再萌发产生担孢子，担孢子经气流传播到苹果幼嫩组织上，从气孔侵染为害叶片、果实等绿色幼嫩组织，导致受害部位逐渐发病（彩图 180、彩图 181）。苹果组织发病后，先产生性孢子器（橘黄色小点）及性孢子，再产生锈孢子器（黄褐色长毛状物）及锈孢子，锈孢子经气流传播侵染桧柏，并在桧柏上越冬。该病没有再侵染，一年只发生一次。

锈病是否发生及发生轻重与桧柏远近及多少密切相关，若苹果园周围 5 千米内没有桧柏，则不会发生锈病。在有桧柏的前提下，苹果开花前后降雨情况是影响病害发生的决定因素，阴雨潮湿则病害发生较重。

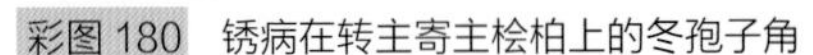

彩图 180　锈病在转主寄主桧柏上的冬孢子角　　彩图 181　锈病转主寄主桧柏上冬孢子角的萌发

防治技术

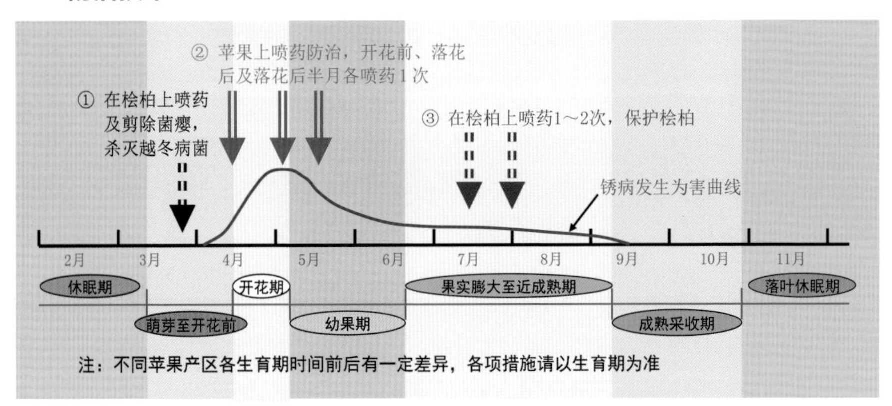

（1）**消灭或减少病菌来源**　彻底砍除果园周围 5 千米内的桧柏，是有效防治苹果锈病的最根本措施。在不能砍除桧柏的果区，可在苹果萌芽前剪除在桧柏上越冬的菌瘿；也可在苹果发芽前于桧柏上喷洒 1 次 77%多宁（硫酸铜钙）可湿性粉剂 300 ～ 400 倍液、30%龙灯福连（戊唑 • 多菌灵）悬浮剂 400 ～ 600 倍液、3 ～ 5 波美度石硫合剂或 45%石硫合剂晶体 30 ～ 50 倍液，杀灭越冬病菌。

（2）**喷药保护苹果**　往年锈病发生较重的果园，在苹果展叶至开花前、落花后及落花后半月左右各喷药 1 次，即可有效控制锈病的发生为害。常用有效药剂有：30%龙灯福连悬浮剂 1000 ～ 1200 倍液、25%欧利思（戊唑醇）水乳剂 2000 ～ 2500 倍液、40%腈菌唑可湿性粉剂 6000 ～ 8000 倍液、10%苯醚甲环唑水分散粒剂 2000 ～ 3000 倍液、12.5%烯唑醇可湿性粉剂 2000 ～ 2500 倍液、70%甲基托布津可湿性粉剂或 500 克 / 升悬浮剂

800 ～ 1000 倍液、500 克 / 升统旺（多菌灵）悬浮剂 600 ～ 800 倍液、80% 太盛（代森锰锌）可湿性粉剂 800 ～ 1000 倍液、50% 美派安（克菌丹）可湿性粉剂 600 ～ 800 倍液等。

（3）**喷药保护桧柏** 不能砍除桧柏的地区，应对桧柏进行喷药保护。从苹果叶片背面产生黄褐色毛状物后开始在桧柏上喷药，10 ～ 15 天后再喷洒 1 次，即可基本控制桧柏受害。有效药剂同苹果上用药。若在药液中加入石蜡油类或有机硅类等农药助剂，可显著提高喷药防治效果。

银叶病

症状诊断 银叶病主要在叶片上表现明显症状，典型特征是叶片呈银灰色，并有光泽（彩图 182）。该病主要为害枝干的木质部，病菌在木质部内生长蔓延，导致木质部变褐，有腥味，但组织不腐烂。同时，病菌在木质部内产生毒素，毒素向上输导至叶片后，使叶片表皮与叶肉分离，间隙中充满空气，在阳光下呈灰色并略带银白光泽，故称为“银叶病”。在同一树上，常先从一个枝上表现症状，后逐渐扩展到全树，使全树叶片均表现银叶。该症状秋季较明显，病叶上常出现不规则褐色斑块，用手指搓捻，病叶表皮容易破碎、卷曲，脱离叶肉。轻病树树势衰弱，结果能力逐渐降低；重病树根系逐渐腐烂死亡，最后导致整株枯死。病树枯死后，在枝干表面可产生覆瓦状的、边缘卷曲的、淡紫色病菌结构（子实体）（彩图 183）。

彩图 182 银叶病的叶片呈银灰色（左）与健叶（右）比较

彩图 183 银叶病死树枝干表面产生病菌结构

发生特点　银叶病是一种系统性的高等真菌性病害，病菌主要以菌丝体在病树枝干的木质部内越冬，也可以子实体在病树表面越冬。生长季节遇阴雨连绵时，子实体上产生病菌孢子，该孢子通过气流或雨水传播，从各种伤口（如剪口、锯口、破裂口及各种机械伤口等）侵入寄主组织。病菌侵染树体后，在木质部中生长蔓延，上下扩展，直至全株。

春、秋两季，树体内富含营养物质，有利于病菌侵染。树体表面机械伤口多，利于病菌侵染。土壤黏重、排水不良、地下水位较高、树势衰弱等，均可加重银叶病的发生。

防治技术　以增强树势、搞好果园卫生为重点，及时治疗轻病树为辅助。

（1）**加强果园管理**　增施有机肥及农家肥，改良土壤，雨季注意及时排水，培育壮树，提高树体抗病能力。合理结果量，及时树立支棍，避免枝干劈裂。尽量减少对树体造成各种机械伤口。及时涂药保护各种修剪伤口，并促进伤口愈合。

（2）**搞好果园卫生**　及时铲除重病树及病死树，从树干基部锯除，并除掉根蘖苗，然后带到园外销毁。枝干表面发现病菌子实体时，彻底刮除，并将刮除的病菌组织集中烧毁或深埋，然后对伤口涂药消毒。消毒效果较好的药剂有：77%多宁（硫酸铜钙）可湿性粉剂150～200倍液、2.12%腐植酸铜水剂原液、1%硫酸铜溶液、5～10波美度石硫合剂、45%石硫合剂晶体10～20倍液、硫酸-8-羟基喹啉等。

（3）**及时治疗轻病树**　轻病树可用树干埋施硫酸-8-羟基喹啉的方法进行治疗，早春治疗（树体水分上升时）效果较好。一般使用直径1.5厘米的钻孔器在树干上钻3厘米深的孔洞，将药剂塞入洞内，每孔塞入1克药剂，然后将洞口用软木塞或宽胶带或泥封好。用药点多少根据树体大小及病情轻重而定，树大点多，树小点少；病重点多，病轻点少。

花叶病

症状诊断　花叶病主要在叶片上表现明显症状，其主要症状特点是：在绿色叶片上产生褪绿斑块或形成坏死斑，使叶片颜色浓淡不均，呈现“花叶”状。花叶的具体表现因病毒类别及品种不同而主要分为四种类型：

（1）**轻型花叶型**　症状表现最早，叶片上有许多小的黄绿色褪绿斑块或斑驳，高温季节症状可以消失，表现为隐症（彩图184）。

（2）**重型花叶型**　叶片上有较大的黄白色褪绿斑块，甚至褐色枯死斑，严重病叶扭曲畸形，高温季节症状不能消失（彩图 185 ～彩图 187）。

（3）**黄色网纹型** 叶片褪绿主要沿叶脉发生，叶肉仍保持绿色，褪绿部分呈黄绿色至黄白色（彩图 188）。

（4）**环斑型** 叶片上产生圆形或近圆形的黄绿色至黄白色褪绿环斑（彩图 189）。

彩图 184 花叶病的轻型花叶症状

彩图 185 开花期重型花叶的表现

彩图 186 幼果期重型花叶的表现

彩图 187 重型花叶病叶畸形，有坏死斑

彩图 188 黄色网纹型的花叶病

彩图 189 环斑型的花叶病

发生特点 花叶病是一种全株型病毒性病害，病树全株都带有病毒，终生受害。主要通过嫁接传播，无论接穗还是砧木带毒均能传病；农事操作也可传播，但传播率较低。轻病树对树体影响很小，重病树结果率降低，甚至丧失结果能力。管理粗放果园为害重，蔓延快。

防治技术

（1）**培育和利用无病苗木** 这是预防花叶病的最根本措施。育苗时选用无病实生砧木，坚决避免在病树上剪取接穗。苗圃内发现病苗，彻底拔出销毁。严禁在病树上嫁接繁育新品种，并禁止在病树上取接穗进行品种扩繁。

（2）**加强栽培管理** 对轻病树加强肥水管理，增施有机肥及农家肥，适当重剪，增强树势，可减轻病情为害。对于丧失结果能力的重病树，及时彻底刨除。

锈果病

症状诊断 锈果病是一种全株性病害，但主要在果实上表现明显症状，常见有三种症状类型：

（1）**锈果型** 主要症状特点是在果实表面产生锈色斑纹。典型症状表现是从萼洼处开始，向梗洼方向呈放射状产生锈色条纹，该条纹由表皮细胞木栓化形成，多不规则，但多与心室相对应（彩图 190）。严重病果，果面龟裂，果实畸形，果肉僵硬，失去食用价值（彩图 191）。在富士、国光、白龙等品种上表现较多（彩图 192）。

彩图 190 锈果病的典型锈果型症状（五条锈色条纹与心室相对应）

彩图 191 锈果型病果发生龟裂

彩图 192 套袋富士苹果的锈果型症状

（2）**花脸型** 病果着色后表现明显症状，在果面上散生许多不着色的近圆形黄绿色斑块，使果面呈红绿相间的“花脸”状。不着色部分稍凹陷，果面略显凹凸不平（彩图 193）。在元帅系品种、富士系品种上表现较多。

（3）**混合型** 病果着色前，在萼洼附近或果面上产生锈色斑块或锈色条纹；着色后，在没有锈斑或条纹的地方或锈斑周围产生不着色的斑块而呈“花脸”状（彩图 194）。即病果上既有锈色斑纹，又有颜色着色不均。主要发生在元帅系、富士系等品种上。

另外，在苹果的黄色品种上（金冠等），还可形成绿点型症状，即在果实表面产生有多个绿色或深绿色斑块，且该斑块稍显凹陷（彩图 195）。

发生特点 锈果病是一种全株性的类病毒病害，病树全株带毒、终生受害，全树果实发病。在果园内主要通过嫁接（无论接穗带毒还是砧木带毒均可传病）和病健根接触传播，也有可能通过修剪工具接触传播。梨树是该病的普遍带

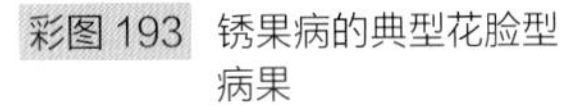

彩图 193 锈果病的典型花脸型病果

彩图 194 锈果病的混合型病果

彩图 195 绿点型锈果病病果

毒寄主，但不表现明显症状，却可通过根接触传染苹果。主要通过带病苗木的调运进行远距离传播。

防治技术 锈果病目前还没有切实有效的治疗方法，主要应立足于预防。培育和利用无病苗木或接穗，禁止在病树上选取接穗及在病树上扩繁新品种，是防止该病发生与蔓延的根本措施。

新建果园时，避免苹果、梨混栽。发现病树后，应立即消除病树，防止扩散蔓延；但不建议立即刨除，应先用高剂量除草剂草甘膦将病树彻底杀死后，再从基部锯除，两年后再彻底刨除病树根，以防刨树时造成病害传播。着色品种的病树，实施果实套纸袋，可显著减轻果实发病程度。果园作业时，病、健树应分开修剪，避免使用修剪过病树的工具修剪健树，防止可能的病害传播。

绿皱果病

症状诊断 绿皱果病只在果实上表现明显症状。果实发病，多从落花后 20 天左右开始，果面先出现水渍状凹陷斑块，形状不规则，直径 2 ～ 6 毫米；随果实生长，果面逐渐凹凸不平，呈畸形状；后期，病果果皮木栓化，呈铁锈色并有裂纹。病果凹陷斑下的维管束呈绿色并弯曲变形（彩图 196）。

发生特点 绿皱果病是一种病毒类病害，目前仅知通过嫁接传染，切接、芽接均可传播。嫁接传播后潜育期至少 3 年，最长可达 8 年之久。病树既可全树果实发病，也可部分枝条上发病，还可病果零星分布。有的品种感病后，发芽、开花晚，夏季几乎没有叶片，早熟叶片提早脱落；有的品种病株树体小，

彩图 196 绿皱果病病果

树势衰弱，果实变小，不耐贮藏。

防治技术 培育和利用无病毒苗木是彻底预防该病的最有效措施。用种子实生砧木繁育无病苗木，并从无病母树上或从未发生过病毒病的大树上采集接穗。严禁在病树上高接换头及保存、扩繁品种。发现病树要及时刨除，不能及时刨除的要在病树周围挖封锁沟，防止可能的根接触传播。

畸果病

症状诊断 畸果病只在果实上表现明显症状，从幼果期至成果期均可发病。幼果发病，果面凹凸不平，呈畸形状，易脱落。近成熟果发病，果面产生许多不规则裂缝，但不造成腐烂（彩图 197）。

发生特点 畸果病是一种病毒类病害，目前只明确可以通过嫁接传播，切接、芽接均可传病。

防治技术 培育和利用无病毒苗木是预防畸果病发生的最根本措施。避免从病树上选取接穗，也不要在病树上保存和扩繁品种。发现病树，及时、彻底刨除，并集中烧毁。

彩图 197　畸果病病果

褐环病

症状诊断　褐环病又称环斑果病，只在果实上表现明显症状。当果实几乎停止生长时开始发病，在果面上形成大小不一、形状不规则的淡褐色、弧形或环形斑纹状病斑，病斑仅限于果实表皮，不深入果肉（彩图 198）。病果风味没有明显变化。

发生特点　褐环病是一种病毒类病害，目前仅明确可以嫁接传播。芽接时，潜育期长达 4 ～ 5 年甚至更久，且只局限在某些枝条的果实发病。自然受害的病树，几乎每年都发病，但病果表现在树上没有规律。

防治技术　选择无病毒接穗和砧木，培育和利用无病苗木，是预防该病的最有效措施。发现病树，及时刨除销毁，防止扩大蔓延。

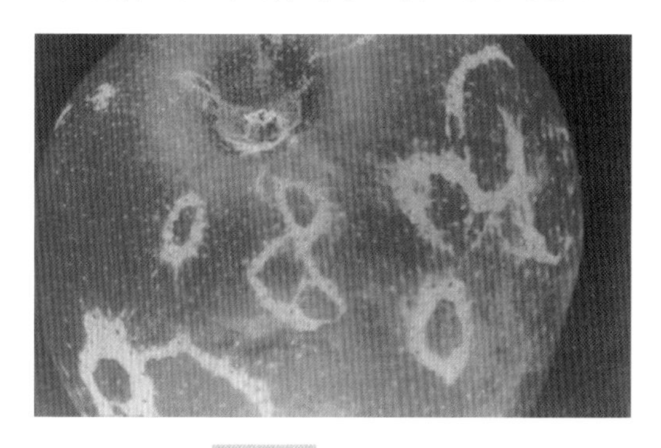

彩图 198　褐环病病果

扁枝病

症状诊断 扁枝病主要在枝条上表现明显症状，主要症状特点是造成枝条纵向凹陷或扁平，并扭曲变形。发病初期，枝条出现轻微的线形凹陷或扁平状，随后凹陷部位发展成深沟，枝条呈扁平带状，且扭曲变形（彩图 199）。病枝变脆，并出现坏死区域。扁平部位形成层活性降低，木质部形成减少，表面有条沟，但皮层组织正常。

发生特点 扁枝病是一种病毒类病害，在田间主要通过嫁接传播。潜育期最短为 8 个月，最长可达 15 年，一般为 1 年左右。研究证明，扁枝病病毒在树体内只向上移动。该病毒除可侵染苹果外，还可侵染梨、樱桃、榅桲、核桃等。

防治技术 培育和利用无病毒苗木是预防扁枝病发生的最根本措施。避免从病树上选取接穗，也不要在病树上保存和扩繁品种。发现病树，及时、彻底刨除，并集中烧毁。

彩图 199 扁枝病在枝梢上的症状

茎沟病

症状诊断 茎沟病是一种病毒性潜隐病害，该病毒在许多苹果上均广布存在，但大多数被侵染苹果均不表现症状，只在少数品种上或砧穗嫁接不亲和时才表现出症状。在田间，带毒植株生长衰弱、矮小，叶片色淡。砧穗不亲和时，嫁接口周围肿大，形成“小脚”状，影响树体生长（彩图 200）。木质部表面产生深褐色凹裂沟，严重时从外部即可看出。

发生特点 茎沟病是一种潜隐病毒性病害，主要通过嫁接传染，无论芽接、切接、劈接均可传病，在果园中还可通过病健根系接触传播。在多数苹果上均为潜伏侵染，外观无症状表现，仅影响树体生长及产量。但在砧穗组合均感病时，病树出现根系枯死，病根木质部上产生条沟，新梢生长量较少，叶片小而硬、色淡绿，落叶早，开花多、坐果少，果实小、果肉硬，病树多在 3 ～ 5 年内衰退死亡。果园中，茎沟病毒常与其他苹果病毒复合侵染，加重对苹果树的为害。

防治技术 培育和利用无病毒苗木及接穗是彻底预防茎沟病的最根本措施。果园内，严禁在带毒树上高接无病毒接穗及扩繁品种。

彩图 200 茎沟病在嫁接口处肿大，形成“小脚”状

雹灾

症状诊断 雹灾可危害叶片、果实及枝条，危害程度因冰雹大小、持续时间长短而异。危害轻时，叶片洞穿、破碎或脱落，果实破伤，质量降低；危害重时，叶片脱落，果实伤痕累累，甚至脱落，枝条破伤，导致树势衰弱，产量降低甚至绝产；特别严重时，果实脱落，枝断、树倒，造成果园毁灭（彩图 201～彩图 203）。

发生特点 雹灾是一种受自然界机械伤害的“生理性病害”，很大程度上不能进行人为预防。但遭遇雹灾后应加强栽培管理，促进树势恢复，避免继发病害发生为害（彩图 204）。

防治技术

（1）**防雹网栽培** 在经常发生冰雹危害的地区，有条件的可以在果园内架设防雹网，阻挡或减轻冰雹危害。

（2）**雹灾后加强管理** 遭遇雹灾后应积极采取措施加强管理，适当减少当年结果量，加强土、肥、水管理，促进树势恢复。同时，果园内及时喷洒 1 次内吸治疗性广谱杀菌剂，以预防一些病菌借冰雹伤口侵染为害，如 30%龙灯福连（戊唑·多菌灵）悬浮剂 800～1000 倍液、70%甲基托布津可湿性粉剂或 500 克 / 升悬浮剂 600～800 倍液等。

彩图 201 雹灾造成叶片破碎，小枝破伤

彩图 202　雹灾造成枝条伤痕累累

彩图 203　冰雹在果实上的轻伤

彩图 204　受雹灾轻度危害后果实的恢复状况

冻害及抽条

症状诊断　冻害及抽条是由于外界环境温度急剧下降或绝对低温或温度变化不平衡所导致的一种生理性伤害，根部、枝干、枝条、芽、幼嫩叶片及果实都有可能受害，具体受害部位及表现因发生时间、温度变化程度不同而异。

（1）**冬季绝对低温**　冬季温度过低，常造成幼树枝干及枝条的冻伤、浅层根系冻伤或死亡、芽枯死等，导致春季不能发芽，或发芽后回枯及枝条枯死等（彩图 205 ～彩图 207）。

（2）**早春低温多风**　造成枝条水分随风散失过多，而土壤温度较低，根系尚未活动，不能及时吸收并向上补充水分，导致上部枝条枯死（彩图 208）。

（3）**发芽开花期低温**　发芽开花期至幼果期，如遇低温（急剧降温）伤害，轻者造成幼果萼端冻伤，降低果品质量，甚至早期落果；重者将花序、幼芽冻死，造成绝产（彩图 209 ～彩图 213）。

彩图 205　幼树枝干冻害，形成冻伤斑

彩图 206　芽被冻死，不能萌发

彩图 207　幼树冻害，导致许多芽萌发后回枯

彩图 208　幼树上部枯死，下部萌发

彩图 209　整个花序受冻害枯死

彩图 210　鸡冠苹果幼果受冻害状

彩图 211　松本锦苹果幼果受冻害后，在成熟果萼端的症状

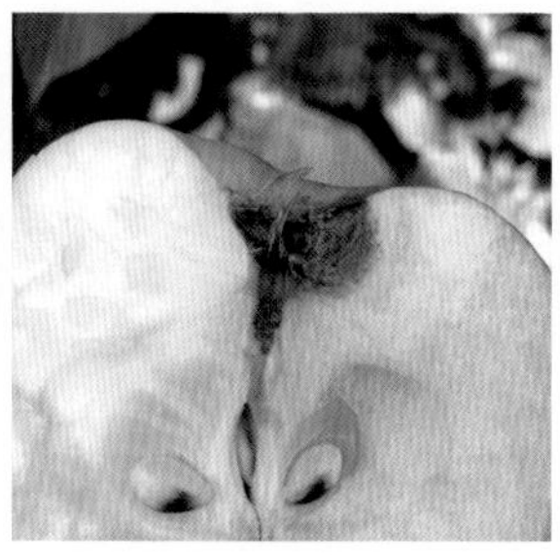

彩图 212　松本锦苹果在幼果期受冻害后，成熟果萼端剖面表现

彩图 213　幼果期花萼受轻微冻害后，在成熟果萼端的症状

发生特点　冻害及抽条是一种由自然界温度异常变化所引起的生理性病害，栽培管理措施不当常可加重该病的发生为害。如生长期肥水过多，造成枝条徒长，木质化（老化）程度不够，常造成抽条及枝条枯死；结果量过多，肥水不足，病虫害造成早期落叶，树势衰弱，则对异常温度变化的抵抗力低，易造成冻花、冻芽、冻果等。

防治技术

（1）**培育壮树，提高树体抗逆能力**　结果树，加强肥水管理，合理结果量，及时防治造成叶片早期脱落的病虫害，培育壮树，提高树体抗逆能力。幼树，进入 7 月份后控制肥水管理，促进枝条老化，提高枝条保水及抗逆能力。

（2）**树干涂白，降低温度骤变程度**　容易发生冻害的地区，秋后及时树干涂白，降低树体表面温度骤变程度，有效防止发生冻害（彩图 214）。常用涂白剂配方为：水∶生石灰∶石硫合剂（原液）∶食盐＝10∶3∶0.5∶0.5。

（3）**适当培土保护**　落叶后树干基部适当培土，提高干基周围保温效能。春季容易发生抽条的地区，在树干北面及西北面培月牙形土埂及树盘覆盖地膜，给树盘创造一个相对背风向阳及早春地膜增温的环境，促使根系尽早活动，降低抽条危害（彩图 215、彩图 216）。

彩图 214 树干涂白

彩图 215 树干基部培土

彩图 216 培月牙土埂、覆膜

果锈症

症状诊断 果锈症只在果实上表现症状，在果面形成各种类型的黄褐色果锈是其主要症状特点。从幼果期至成果期均可发生，果锈实际为果实表皮细胞木栓化形成。轻病果果锈在果面零星分布，重病果几乎整个果面均呈黄褐色木栓化状，似“铁皮果”（彩图 217 ～彩图 222）。该病主要对果实外观质量造成很大影响，并不对产量造成损失，甚至其实也不影响食用。

彩图 217 幼果表面的果锈

彩图 218 金冠苹果表面布满果锈

彩图 219 许多果实表面均长有果锈

彩图 220 套袋苹果梗洼的果锈

彩图 221 富士苹果萼端的轻度果锈

彩图 222 富士苹果表面的严重果锈

发生特点 果锈症是一种生理性病害，由于果面受外界不当刺激造成，尤其是幼果期（落花后 1.5 个月内）农药选用不当造成的药物刺激影响最大。其次，幼果期雨露雾过重、果园环境中有害物质浓度偏高、果面受机械摩擦损伤、钙肥使用量偏低，均可加重果锈症的发生为害。另外，在低洼、沿海多雾露地区，如果选择果袋质量偏差，易吸水受潮，果实套袋后也可诱发果锈症的发生。品种间差异明显，金冠苹果受害最重。

防治技术

（1）**选用安全农药** 苹果落花后的 1.5 个月内或套袋前必须选用优质安全有效农药，并尽量不喷洒乳油类药剂，以减少药物对果面的刺激，这是预防果锈症的最根本措施。常用安全杀菌剂有：甲基托布津、龙灯福连（戊唑·多菌灵）、多菌灵（纯）、苯醚甲环唑、全络合态代森锰锌、美派安（克菌丹）等。常用安全杀虫杀螨剂有：阿维菌素、吡虫啉、啶虫脒及菊酯类杀虫剂等。

（2）**加强果园管理** 增施农家肥等有机肥，合理配合使用硼、钙肥。合理修剪，使果园通风透光良好，降低环境湿度。选用优质果袋，提高果袋透气性。进行优质喷雾，提高药液雾化程度，避免药液对果面造成液流机械损伤。

黄叶病

症状诊断 黄叶病主要在叶片上表现症状，尤以新梢叶片受害最重。初期，叶肉变黄，叶脉仍保持绿色，使叶片呈绿色网纹状；随病情加重，除主脉及中脉外，细小支脉及绝大部分叶肉全部变成黄绿色或黄白色，新梢上部叶片大都变黄或黄白色；严重时，病叶全部呈黄白色，叶缘开始变褐枯死，甚至新梢顶端枯死，呈现枯梢现象（彩图 223 ～彩图 226）。

彩图 223 轻型（绿色网纹型）黄叶病病叶

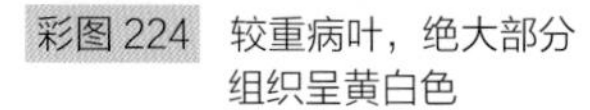

彩图224 较重病叶，绝大部分组织呈黄白色

彩图225 严重病叶，叶缘开始焦枯

彩图226 枝梢顶端叶片变黄

发生特点 黄叶病是一种生理性病害，由于树体缺铁造成，即土壤中缺少苹果树可以吸收利用的铁素（二价铁离子）。铁是叶绿素的组成成分，当铁在土壤中形成难溶解的三价铁盐时，苹果树不能吸收利用，导致叶片缺铁黄化。盐碱地或碳酸钙含量高的土壤容易缺铁；大量使用化肥，土壤板结的地块容易缺铁；土壤黏重，排水不良，地下水位高，容易导致缺铁；根部、枝干有病或受损伤时，影响铁素的吸收传导，树体容易表现缺铁症状。

防治技术

（1）**加强果园管理** 增施农家肥、绿肥等有机肥，改良土壤，使土壤中的不溶性铁转化为可溶性态，以便树体吸收利用。结合施用有机肥土壤混施二价铁肥，补充土壤中的可溶性铁含量，一般每株成树根施硫酸亚铁 0.5 ～ 0.8 千克。盐碱地果园适当灌水压碱，并种植深根性绿肥。低洼果园，及时开沟排水。及时防治苹果枝干病害及根部病害，保证养分运输畅通。根据果园施肥及土壤肥力水平，科学确定结果量，保证树体地上、地下生长平衡。

（2）**及时树上喷铁** 发现黄叶病后及时喷铁治疗，7 ～ 10 天 1 次，直至叶片完全变绿为止。常用有效铁肥有：黄腐酸二胺铁 200 倍液、铁多多 500 ～ 600 倍液、黄叶灵 300 ～ 500 倍液、硫酸亚铁 300 ～ 400 倍液＋ 0.05% 柠檬酸＋ 0.2%尿素的混合液等。

裂果病

症状诊断 裂果病主要发生在近成熟的果实上。在果面产生一至多条裂缝，裂缝深达果肉内部（彩图 227、彩图 228）。一般不诱发杂菌的继发侵染，但对果品质量影响较大。

彩图 227　裂果症的典型表现

彩图 228　套袋乔那金苹果摘袋后的裂果

发生特点　裂果病是一种生理性病害，主要由于水分供应失调引起。特别是前旱后涝该病发生较多，富士、国光容易受害，钙肥缺乏常可加重该病发生。套纸袋苹果，套袋偏早，摘袋后裂果发生较多；若摘袋后遇多雨天气，亦常导致或加重裂果病的发生。

防治技术　增施绿肥、农家肥等有机肥，按比例配合施用速效钙肥。干旱季节及时灌水，雨季注意排水，保证树体水分供应基本平衡。科学规划套袋时期，使幼果果皮尽量老化。结合缺钙症防治，套袋前适当树上喷施速效钙肥。

缺钙症

症状诊断　缺钙症主要表现在近成熟期至贮运期的果实上，根据表现特点可分为痘斑型、苦痘型、糖蜜型、水纹型和裂纹型五种类型。

（1）**痘斑型**　初在果皮下产生褐色病变，表面颜色较深，有时呈紫红色斑点，后病斑逐渐变褐枯死，在果面上形成褐色凹陷坏死干斑，直径 2 ～ 4 毫米。常许多病斑散生，病斑下果肉坏死干缩呈海绵状，病变只限浅层果肉，味苦（彩图 229）。

（2）**苦痘型**　症状特点与痘斑型相似，只是病斑较大，直径达 6 ～ 12 毫米，多发生在果实萼端及胴部，一至数个散生（彩图 230、彩图 231）。套袋富士发生较多。

（3）**糖蜜型**　俗称“蜜病”“水心病”。病果表面出现水渍状斑点或斑块，透明似蜡；剖开病果，果肉内散布许多水渍状半透明斑块，或果肉大部呈水渍半透明状，似“玻璃质”（彩图 232、彩图 233）。病果“甜”味增加。病果贮藏后，果肉会逐渐变褐甚至腐烂。

（4）**水纹型** 病果表面产生许多小裂缝，裂缝表面木栓化，似水波纹状。有时裂缝以果柄或萼洼为中心，似呈同心轮纹状（彩图 234）。裂缝只在果皮及表层果肉，一般不深入果实内部，不造成实际的产量损失，仅影响果实的外观质量。富士苹果发病较重。

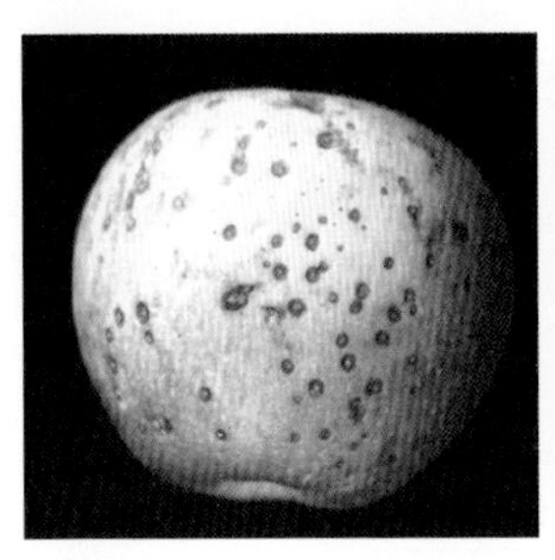

彩图 229 缺钙症的痘斑型症状

彩图 230 缺钙症的苦痘型症状

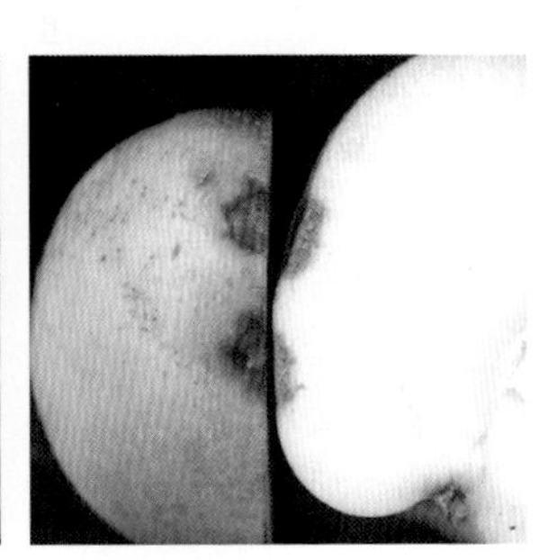

彩图 231 缺钙症的苦痘型病斑剖面

彩图 232 缺钙症的糖蜜型症状

彩图 233 缺钙症的糖蜜型病斑剖面

彩图 234 缺钙症的水纹型症状

彩图 235 缺钙症的裂纹型症状

彩图 236 同一病果上具有痘斑型和水纹型两种病斑

（5）**裂纹型**　症状表现与水纹型相似，只是裂缝少而深，且排列没有规则（彩图235）。病果采收后易导致果实失水干缩。

有时在一个病果上同时出现两种或多种症状类型（彩图236）。

发生特点　缺钙症是一种生理性病害，表面原因是由于果实缺钙引起，其根本原因是长期使用化肥、极少使用有机肥与农家肥、土壤严重瘠薄及过量使用氮肥造成的。果实套袋往往可以加重缺钙症的表现。另外，采收过晚，果实成熟度过高，常加重糖蜜型症状的表现。

防治技术　缺钙症防治的根本措施，是以增施有机肥、农家肥及硼钙肥，改良土壤为基础，避免偏施氮肥，配合生长期喷施速效钙肥。

（1）**加强栽培管理**　增施粗肥、农家肥等有机肥，配合施用复合肥及磷、硼、钙肥（酸性土壤每株施用消石灰2～3千克，碱性或中性土壤每株施用硝酸钙或硫酸钙1千克左右），避免偏施氮肥，以增加土壤有机质及钙素含量。合理修剪，使果实适当遮阴。搞好疏花疏果，科学结果量。适当推迟果实套袋时间，促使果皮老化。旱季注意浇水，雨季及时排水。适期采收，防止果实过度成熟。

（2）**喷施速效钙肥**　果实根外补钙（树上喷钙）的最佳有效时间是落花后3～6周，一般应喷施速效钙肥2～4次，每10～15天1次。速效钙肥的优劣主要从两个指标考量，一是有效钙的含量多少，二是钙素是否易被果实吸收。效果较好的钙肥是以无机钙盐为主要成分的固体钙肥，这类钙肥含钙量相对较高，且易被吸收利用。目前生产中常用的补钙效果较好的速效钙肥有：速效钙400～600倍液、佳实百600～800倍液、硝酸钙300～500倍液、高效钙或美林钙400～600倍液、腐植酸钙500～600倍液等。由于钙在树体内横向移动性小，喷钙时应重点喷布果实，使果实直接吸收利用。叶片虽能吸收，但不易传送到果实中去。

日灼病

症状诊断　日灼病又称“日烧病”，主要发生在果实上。初期，果实向阳面果皮呈灰白色至苍白色，有时外围有淡红色晕圈；进而果皮变褐色坏死，坏死斑外红色晕圈逐渐明显；后期，由于杂菌感染，病斑表面常有黑色霉状物（彩图237～彩图241）。日灼病斑多为圆形，平或稍凹陷，只局限在果肉浅层，不深入果肉内部。套纸袋果摘袋后如遇高温，表面病斑多不规则（彩图242）。套膜袋果，有时在袋内即可发生日灼病，症状表现及发展与不套袋果相同（彩图243）。

彩图 237　日灼病发生初期，病斑呈苍白色

彩图 238　日灼病发生后，病斑表面开始变褐

彩图 239　日灼病病斑外围开始产生红色晕圈

彩图 240　日灼病病斑呈褐色坏死，外有红色晕圈

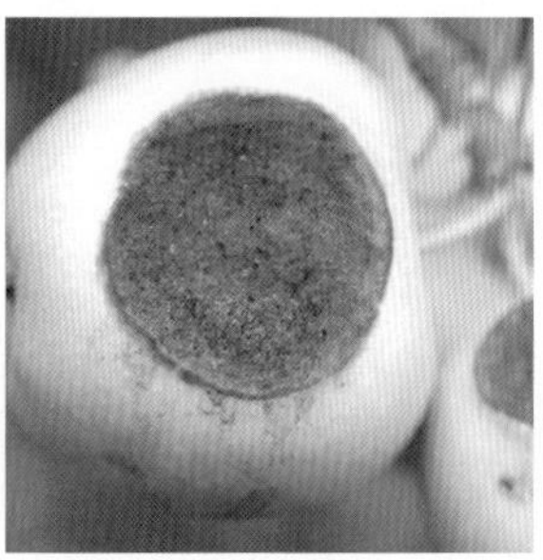

彩图 241　日灼病发生后期，病斑表面腐生黑色霉层

彩图 242　套纸袋果摘袋后日灼病发生初期

彩图 243　膜袋内幼果发生日灼病

发生特点 日灼病是一种生理性病害，由阳光过度直射造成。在炎热的夏季，高温干旱，果实无枝叶遮阴，阳光直射使果皮发生烫伤，是导致该病发生的主要因素。修剪过度，可加重日灼病发生；套袋果摘袋时温度偏高，也常造成套袋果的日灼病。

防治技术 合理修剪，避免修剪过度，使果实能够有枝叶遮阴。夏季注意及时浇水，保证土壤水分供应，使果实含水量充足，提高果实抗热能力。夏季适当喷施尿素（0.3%）、磷酸二氢钾（0.3%）等叶面肥，增强果实耐热能力。套袋果摘袋时采用二次脱袋技术，使果实逐渐提高适应能力。

衰老发绵症

症状诊断 衰老发绵症仅发生在果实上，是果实过度成熟后的一种生理性病变，采收前后均可发生，且随果实成熟度的增加病情逐渐加重。发病初期，果面上散生多个淡褐色小斑点，边缘不明显；后斑点逐渐扩大，形成圆形或近圆形淡褐色至褐色病斑，边缘不明显，表面稍凹陷，病斑下果肉呈淡褐色崩溃，病变果肉形状多不规则，没有明显边缘；随病变进一步加重，表面病斑扩大、联合，形成不规则形片状大斑，褐色，凹陷明显，皮下果肉病变向果肉深层扩展，形成淡褐色至褐色大面积果肉病变；后期整个果实及果肉内部全部发病，失去食用价值（彩图244～彩图247）。

发生特点 衰老发绵症是一种生理性病害，由于果实过度成熟、衰老所致。品种间反应差异很大，早熟及中早熟品种发病较多。据田间调查，有机肥施用偏少、速效化肥使用量较多且各成分间比例失调、土壤干旱，可显著加重病害为害程度。

彩图244 发病初期，果面出现边缘不明显的淡褐色斑点

彩图245 剖开初期病果，表层果肉有淡褐色海绵状斑块

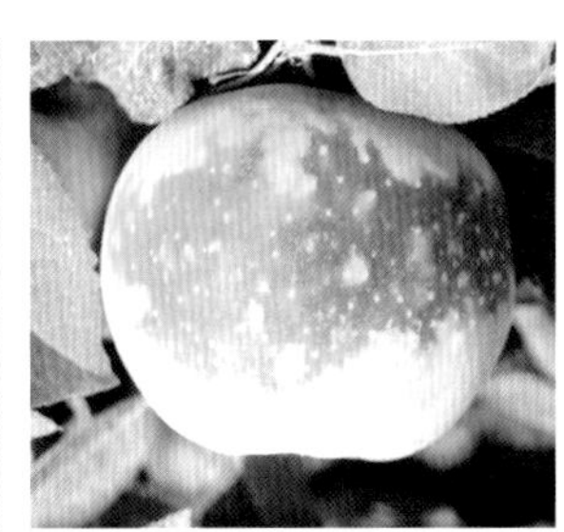

彩图246 中后期病果，果面出现大块淡褐色至褐色病斑，且稍凹陷

彩图 247 剖开中后期病果，浅层果肉呈大面积海绵状

防治技术 加强栽培管理，增施农家肥等有机肥，按比例科学施用各种速效化肥及中微量元素肥料，干旱季节及时浇水，提高果实的自身保鲜能力。根据品种特点，适时采收，避免果实成熟过度。

霜环病

症状诊断 霜环病仅在果实上表现症状，主要为落花后的幼果期受害。初期幼果萼端表现环状缢缩，继而形成月牙形凹陷，逐步扩大为环状凹陷，深紫红色，皮下果肉深褐色，后期表皮木栓化。病果容易脱落，少数受害较轻果实可以成熟，但在成熟果萼端留有木栓化环斑或环状坏死斑。有时幼果胴部产生环状凹陷，并在凹陷处形成果皮木栓化状锈斑，这可能与幼果受害较晚有关（彩图 248 ～彩图 250）。

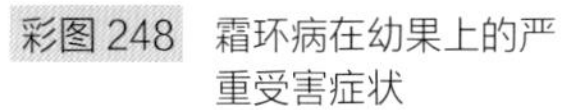

彩图 248　霜环病在幼果上的严重受害症状

彩图 249　霜环病轻度发生后在成熟果上的症状

彩图 250　霜环病发生较重时，在成熟果上的症状

发生特点　霜环病是一种生理性病害，由于落花后的幼果期受低温冻害引起，冻害严重时幼果早期脱落，轻病果逐渐发育成霜环病。据调查，苹果终花期后 7 ～ 10 天如遇低于 3℃的最低气温，幼果即可能受害，且幼果期连续阴雨低温会加重病害的发生发展。果园管理粗放，土壤有机质贫乏，容易导致病害发生；地势低洼果园常受害较重。

防治技术　加强栽培管理，增施农家肥等有机肥，培育壮树，提高幼果抗逆能力。容易发生霜环病的果园或地区，在苹果落花至幼果期，随时注意天气变化及预报，一旦有低温警报，应及时采取熏烟或喷水等措施进行预防。

缩果病

症状诊断　缩果病主要在果实上表现明显症状，因发病早晚及品种不同而分为果面干斑和果肉木栓两种类型。

（1）**果面干斑型**　落花后半月左右开始发生，初期果面产生近圆形水渍状斑点，皮下果肉呈水渍状半透明，有时表面可溢出黄色黏液；后期病斑干缩凹陷，果实畸形，果肉变褐色至暗褐色（彩图 251）。重病果变小，或在干斑处开裂，易早落。

（2）**果肉木栓型**　落花后 20 天至采收期陆续发病。初期果肉内产生水渍状小斑点，逐渐变为褐色海绵状坏死，且多呈条状分布。幼果发病，果面凹凸不平，果实畸形，易早落；中后期发病，果形变化较小或果面凹凸不平，手握有松软感。重病果果肉内散布许多褐色海绵状坏死斑块，有时在树上病果成串发生（彩图 252 ～彩图 255）。

彩图 251　缩果病的果面干斑型症状

彩图 252　缩果病的果肉木栓型病果

彩图 253　剖开木栓型缩果病病果，果肉内散生许多水渍状斑块

彩图 254　木栓型缩果病病果肉呈海绵状坏死

彩图 255　严重病树，缩果病病果成串发生

发生特点　缩果病是一种生理性病害，由于硼素供应不足引起。沙质土壤，硼素易流失；碱性土壤硼呈不溶状态，根系不易吸收；土壤干旱，影响硼的可溶性，植株难以吸收利用；土壤瘠薄、有机质贫乏，硼素易被固定。所以，沙性土壤、碱性土壤及易发生干旱的坡地果园缩果病容易发生；土壤瘠薄、有机肥使用量过少、大量元素化肥（氮、磷、钾）使用量过多等，均可导致或加重缩果病发生；干旱年份病害发生较重。

防治技术

（1）**加强栽培管理**　增施农家肥及有机肥，改良土壤，科学施用大量元素化肥及中微量元素肥料，注意果园及时浇水。

（2）**根施硼肥**　结合施用有机肥根施硼肥，施用量因树体大小而定。一般每株根施硼砂 50 ～ 125 克或硼酸 20 ～ 40 克，施硼后立即灌水。

（3）**树上喷硼**　在开花前、花期及落花后各喷施 1 次，常用优质硼肥有：0.3%硼砂溶液、0.1%硼酸溶液、佳实百 800 ～ 1000 倍液、加拿枫硼等。沙质土壤、碱性土壤由于土壤中硼素易流失或被固定，采用树上喷硼效果更好。

小叶病

症状诊断　小叶病主要为害枝梢，使枝梢上叶片变小。病枝节间短，叶片小而簇生，叶形狭长，质地脆硬，叶缘上卷，叶片不平展，严重时病枝逐渐枯死（彩图 256）。病枝短截后，下部萌生枝条仍表现小叶（彩图 257）。病枝上不能形成花芽；病树长势衰弱，发枝力低，树冠不能扩展，显著影响产量。

发生特点　小叶病是一种生理性病害，由于树体缺锌引起。沙地、碱性土壤及瘠薄地果园容易缺锌，长期施用速效化肥、土壤板结影响锌的吸收利用，土壤中磷酸过多可抑制根系对锌的吸收，钙、磷、钾比例失调时影响锌的吸收利用。

防治技术

（1）**加强果园栽培管理**　增施农家肥、绿肥等有机肥，并配合施用锌肥，改良土壤。沙地、盐碱土壤及瘠薄地，在增施有机肥的同时，还要按比例科学施用氮、磷、钾、钙及中微量元素肥料。与有机肥混合施用锌肥时，一般每株需埋施硫酸锌 0.5～0.7 千克。改良土壤及土壤补锌是防治小叶病的根本。

（2）**及时树上喷锌**　对于小叶病树或病枝，萌芽期喷施 1 次 3%～5%硫酸锌溶液，开花初期再喷施 1 次 0.2%硫酸锌＋0.3%尿素混合液、氨基酸锌 300 ～ 500 倍液或锌多多 500 ～ 600 倍液，可基本控制小叶病的当年为害。

彩图 256　小叶病的典型症状

彩图 257　小叶病病枝短截后，翌年下部许多枝条发展为小叶病

药　害

症状诊断　药害可发生在苹果树地上部的各个部位，以叶、果受害最普遍。萌芽期造成药害，不发芽或发芽晚，且发芽后叶片多呈“柳叶”状。叶片生长期发生药害，因导致药害的原因不同而症状表现各异。药害轻时，叶片背面叶毛呈褐色枯死，在容易积累药液的叶尖及叶缘部分常受害较重；药害严重时，叶尖、叶缘、全叶甚至整个叶丛、花序变褐枯死。有时叶片上形成许多枯死斑。有时叶片生长受到抑制，扭曲畸形，或呈丛生皱缩状，且厚、硬、脆（彩图 258 ～彩图 264）。

果实发生药害，轻者形成果锈，或影响果实着色；在容易积累药液部位，常造成局部药害斑点，果皮硬化，后期多发展成凹陷斑块或凹凸不平，甚至导致果实畸形（彩图 265 ～彩图 267）。严重时，造成果实局部坏死，甚至开裂（彩图 268）。

枝干发生药害，造成枝条生长衰弱或死亡，甚至全树枯死（彩图 269）。

彩图 258　石硫合剂药害，叶片呈柳叶状

彩图 259　叶背面叶毛变褐色

彩图 260　百草枯药害，药斑处形成枯斑

彩图 261　代森锰锌药害，叶片上形成枯死斑

彩图 262　波尔多液药害，叶片边缘焦枯

彩图 263　激素类药害，新梢叶片及花蕾枯死

彩图 264　多效唑药害，叶片呈丛生状

彩图 265　幼果表面的斑点状药害

彩图 266　近成熟果上的果锈状药害（幼果期造成）

彩图 267　波尔多液在果实上的斑点状药害

彩图 268　百草枯在果实上的坏死斑及裂口

彩图 269　药害造成死树

发生特点 药害发生的原因很多，主要是化学药剂使用不当造成的。如药剂使用浓度过高、喷洒药液量过大、局部积累药液过多、有些药剂安全性较低、药剂混用不合理、用药过程中保护不够、用药错误等。另外，多雨潮湿、雾大露重、高温干旱、树势衰弱、不同生育期等环境条件和树体本身状况也与药害发生有一定关系。如铜制剂在连阴雨时易造成药害，普通代森锰锌（非全络合态）在高温干旱时易造成药害，苹果幼果期用药不当易造成果实药害等。

防治技术 防止药害发生的关键是正确使用各种化学农药，即在正确识别和选购农药的基础上，科学使用农药，合理混用农药，根据苹果生长发育特点及环境条件合理选择优质安全有效药剂等。特别是幼果期选择药剂尤为重要，不能选用铜制剂、含硫磺制剂、质量低劣的代森锰锌及劣质乳油类产品等，并严格按照推荐浓度使用。另外，加强栽培管理，增强树势，提高树体的抗药能力，也可在一定程度上降低药害的发生程度。

虎皮病

症状诊断 虎皮病又称褐烫病，是果实贮藏中后期的一种生理性病害，其主要特点是果皮呈现晕状不规则褐变，似水烫状（彩图270）。发病初期，果皮出现不规则淡黄褐色斑块；发展后病斑颜色变深，呈褐色至暗褐色，稍显凹陷；严重时，病皮可成片撕下。病果仅表层细胞变褐，内部果肉不变色，但果肉松软发绵并略有酒味，后期易受霉菌感染而导致果实腐烂。病变多从果实阴面未着色部分开始发生，严重时扩展到阳面着色部分。

发生特点 虎皮病是一种生理性病害，具体原因非常复杂，主要是苹果果蜡中产生的挥发性半萜烯类碳氢化合物法尼烯能氧化产生共轭三烯，进而伤害果皮细胞造成的。对虎皮病敏感的品种及采收过早、成熟度不足的果实，法尼烯的含量较高，共轭三烯产生量较多，病害即发生较重。另外，贮藏环境温度越高病害越重，包装及贮藏环境通风越差病害越重，生长期导致果实延迟成熟的栽培措施和气候条件均可加重虎皮病发生，如氮肥过多、修剪过重、新梢生长过旺、秋雨连绵、低温高湿等。

防治技术

（1）**加强栽培管理** 增施有机肥，按比例施用氮、磷、钾肥及中微量元素肥料，特别是后期不要偏施氮肥。适当疏花疏果，雨季注意及时排水。对

彩图 270　虎皮病病果

较感病的敏感品种不要过早采收，待果实充分成熟后再采收。

（2）**尽量冷库贮藏或气调贮藏**　在 0 ～ 2℃下贮藏，并加强通风，可基本控制虎皮病的发生为害。若采用气调贮藏，氧气控制在 1.8%～ 2.5%，二氧化碳控制在 2%～ 2.5%，其他为氮气，贮藏 7.5 个月也不会发生虎皮病。

（3）**采后果实处理**　果实包装入库前，用含有二苯胺（每张纸含 1.5 ～ 2 毫克）或乙氧基喹（每张纸含 2 毫克）的包果纸包果；或用 0.1%二苯胺液、0.25%～ 0.35%乙氧基喹液、1%～ 2%卵磷脂溶液或 50%虎皮灵乳剂 125 ～ 250 倍液浸洗果实，待果实晾干后包装贮藏。

盐碱害

症状诊断　盐碱害主要在叶片上表现症状，严重时嫩梢也可发病。叶片受害，多从叶尖或叶缘开始，组织变褐枯死，呈叶缘焦枯状，严重时叶片大部枯死（彩图 271）。新梢受害，形成枯梢。

发生特点 盐碱害是一种生理性病害，由于土壤中一些盐碱成分含量过高，导致水分吸收受阻而引起。沿海地区果园及盐碱地区果园发病较多，土壤地下水位高、过量施用化肥、有机肥施用量偏低等均可加重盐碱害的发生。

防治技术

（1）**加强肥水管理** 增施有机肥、农家肥及绿肥，避免过量使用速效化肥，改良土壤。盐碱地区灌水压碱，降低浅层土壤盐碱含量。

（2）**高垄栽培** 盐碱地区栽植苹果树时，尽量采用高垄栽培（在高垄上栽植苹果树），可显著降低盐碱害的发生。

彩图 271 盐碱害造成叶缘干枯

第二章

害虫诊断与防治

桃小食心虫

危害特点 桃小食心虫简称“桃小”，在苹果、梨、山楂、枣、桃、李、杏等果实上均有发生，以幼虫蛀果进行为害。幼虫多从果实胴部蛀入，蛀孔处溢出泪珠状胶质点，俗称“淌眼泪”，不久胶质干涸呈白色蜡质粉末（彩图 272、彩图 273）。随果实生长，入果孔愈合成小黑点，周围果皮略呈凹陷。幼虫入果后在皮下串食果肉，果面显出凹陷的潜痕，果实变形，形成“猴头”状畸形果。被害果内充满虫粪，形成“豆沙馅”（彩图 274）。幼虫老熟后，在果面咬一明显的孔洞而脱果（彩图 275、彩图 276）。

彩图 272 桃小幼虫蛀果后在果面形成的“泪滴”

彩图 273 桃小为害形成的畸形果及蛀孔处的白色粉末

彩图 274 桃小食心虫在苹果内的为害状

彩图 275 桃小食心虫的脱果孔及被害果表面症状

彩图 276 老熟幼虫脱果孔处有虫粪排出

形态特征 雌成虫体长 7 ～ 8 毫米，翅展 16 ～ 18 毫米；雄成虫体长 5 ～ 6 毫米，翅展 13 ～ 15 毫米；体灰褐色，复眼红褐色；前翅灰白色，中部近前缘有 1 个具光泽的三角形蓝黑色大斑，翅面有 7 ～ 9 簇斜立毛丛；后翅灰色；雌蛾下唇须长、前伸如剑；雄蛾下唇须短，向上弯曲（彩图 277、彩图 278）。卵近圆桶形，初产时黄白色，渐变为橙红色至深红色，卵面密生小点，顶部略宽，卵顶周围有 2 ～ 3 圈“Y”形刺毛（彩图 279）。老熟幼虫体长 13 ～ 16 毫米，体桃红色，纺锤形，头部褐色，前胸背板深褐色（彩图 280）。蛹长约 7 毫米，黄白色，近羽化时灰黑色。越冬茧近圆形，由幼虫吐丝缀合土粒而成；夏茧为椭圆形，质地疏松（彩图 281、彩图 282）。

彩图 277　桃小食心虫雌成虫

彩图 278　桃小食心虫雄成虫

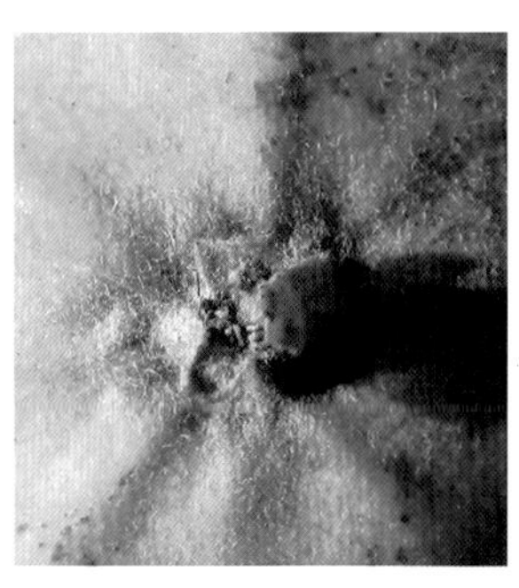

彩图 279　桃小食心虫卵

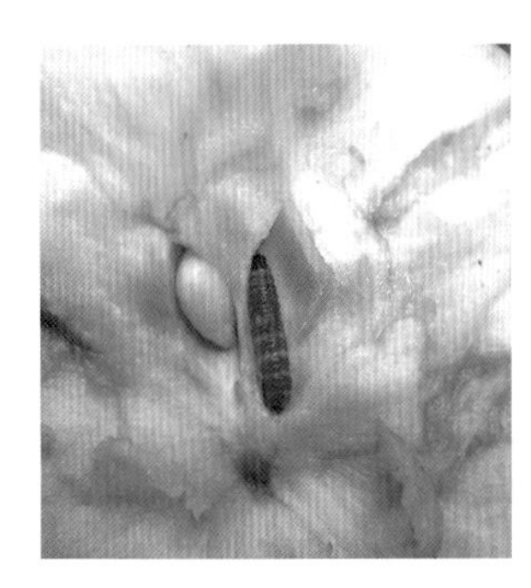

彩图 280　桃小食心虫幼虫

彩图 281　桃小食心虫越冬茧

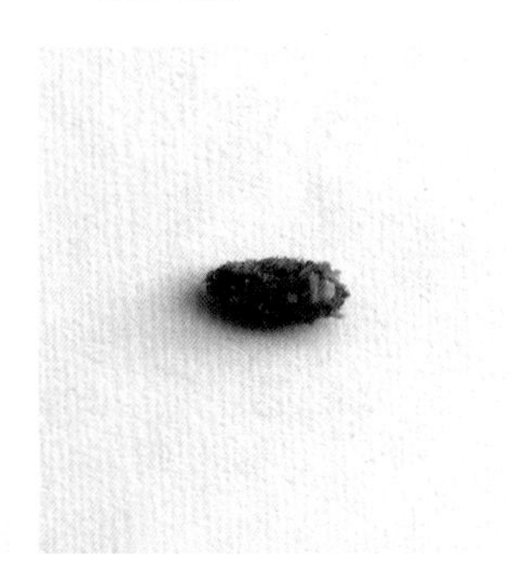

彩图 282　桃小食心虫夏茧

发生习性　桃小食心虫在甘肃天水 1 年发生 1 代，吉林、辽宁、河北、山西和陕西 1 年发生 2 代，山东、江苏、河南 1 年发生 3 代，均以老熟幼虫在土壤中结冬茧越冬，树干周围 1 米范围内的 3 ～ 6 厘米土层中居多。越冬幼虫解除休眠需要通过较长时间的低温处理，冬茧在 8℃的低温条件下保存 3 个月可顺利解除休眠。在自然条件下，春季当旬平均气温达 17℃以上、土温达 19℃、土壤含水量在 10%以上时，幼虫则能顺利出土，浇地后或下雨后形成出土高峰。

辽宁果区，越冬幼虫一般年份从 5 月上旬破茧出土，出土期延续到 7 月中旬，盛期集中在6月份。出土幼虫先在地面爬行一段时间，之后在土缝、树干基部缝隙及树叶下等处结纺锤形夏茧化蛹，蛹期半月左右。6月上旬出现越冬代成虫，一直延续到7月中下旬，发生盛期在6月下旬至7月上旬。成虫寿命6～7天，白天在树上枝叶背面和树下杂草等处潜伏，日落后活动，前半夜比较活跃，后半夜零点到3时交尾。交尾后1～2天开始产卵，多产于果实萼洼处。每雌虫平均产卵44粒，多者可达110粒。卵期一般7～8天。第1代卵发生在6月中旬至8月上旬，盛期为6月下旬至7月中旬。初孵幼虫有趋光性，初孵幼虫在果面爬行2～3小时后，多从胴部蛀入果内为害。随果实生长，蛀入孔愈合成一个小黑点，孔周围果面稍凹陷，多虫为害果实则发育成凸凹不平的畸形果。幼虫在果内蛀食20～24天，老熟后从内向外咬一较大脱果孔，然后爬出落地，发生晚的直接入土做冬茧越冬，发生早的则在地面隐蔽处结夏茧化蛹。蛹经过12天左右羽化，在果实萼洼处产卵发生第2代。第2代卵在7月下旬至9月上中旬发生，盛期为8月上中旬。幼虫孵出后蛀果为害25天左右，于8月下旬从果内脱出，在树下土壤中结冬茧滞育越冬。

防治技术 桃小食心虫的防治应采用地下防治与树上防治、化学防治与人工防治相结合的综合防治原则，根据虫情测报进行适期防治是提高好果率的技术关键。

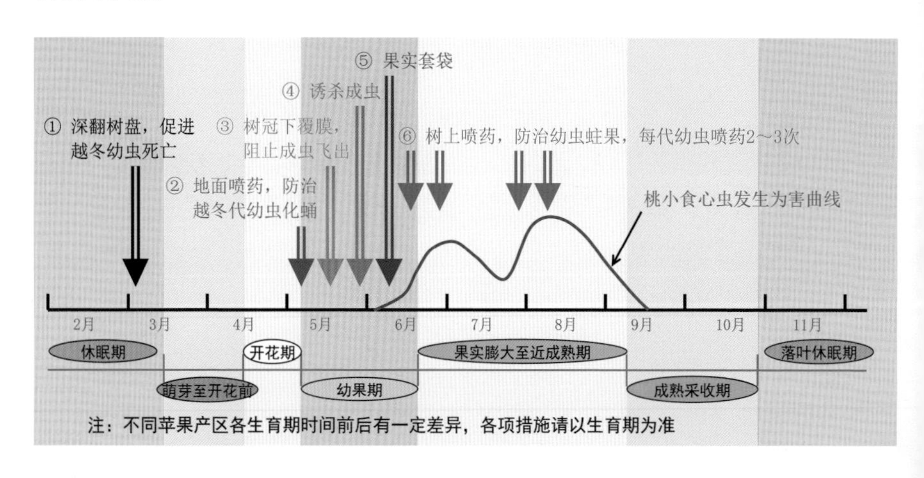

（1）**农业防治措施** 生长季节及时摘除树上虫果、捡拾落地虫果，集中深埋，杀灭果内幼虫。树上摘除多从6月下旬开始，每半月进行一次。结合深秋至初冬深翻施肥，将树盘内10厘米深土层翻入施肥沟内，下层生土撒于树盘表面，可将越冬幼虫深埋土中，将其消灭。果树萌芽期，以树干基部为中心，在半径1.5米左右的范围内覆盖塑料薄膜，边缘用土压实，能有效阻挡越冬幼虫出土和羽化的成虫飞出。尽量果实套袋，阻止幼虫蛀食为害。

（2）**诱杀雄成虫** 从5月中下旬开始在果园内悬挂桃小食心虫的性引诱剂，每亩2～3粒，诱杀雄成虫（彩图283）。1.5个月左右更换1次诱芯。对于周边没有果园的孤立苹果园，该项措施即可基本控制桃小的为害。但对于非孤立的苹果园，不能进行彻底诱杀，只能用于虫情测报，以决定喷药时间。

（3）**地面药剂防治** 从越冬幼虫开始出土时进行地面用药，使用48%毒死蜱乳油300～500倍液或48%毒•辛乳油200～300倍液均匀喷洒树下地面，喷湿表层土壤，然后耙松土壤表层，杀灭越冬代幼虫。一般年份5月中旬后果园下透雨后或浇灌后，是地面防治桃小食心虫的关键期。也可利用桃小性引诱剂测报，决定施药适期。

（4）**树上喷药防治** 地面用药后20～30天树上进行喷药防治，或在卵果率0.5%～1%、初孵幼虫蛀果前树上喷药；也可通过性诱剂测报，在出现诱蛾高峰时立即喷药。防治第2代幼虫时，需在第1次喷药35～40天后进行。5～7天1次，每代均应喷药2～3次。常用有效药剂有：48%毒死蜱乳油1200～1500倍液、50%马拉硫磷乳油1200～1500倍液、90%灭多威可溶性粉剂3000～4000倍液、48%毒•辛乳油1000～1500倍液、4.5%高效氯氰菊酯乳油或水乳剂1500～2000倍液、2.5%高效氯氟氰菊酯乳油1500～2000倍液、20%甲氰菊酯乳油1500～2000倍液等。要求喷药必须及时、均匀、周到。

彩图283 果园内悬挂桃小食心虫性引诱剂

梨小食心虫

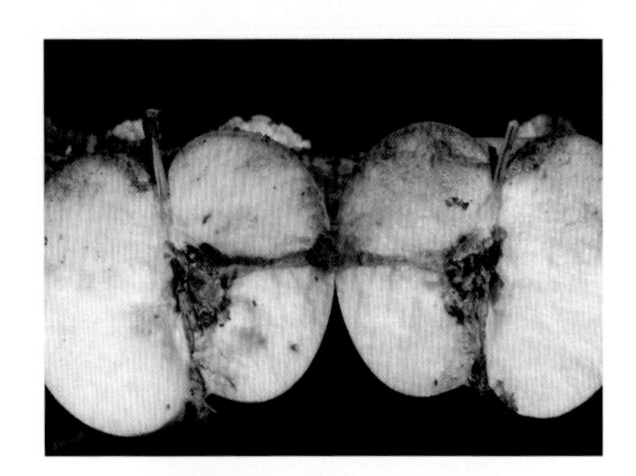

彩图 284　梨小为害果实剖面

彩图 285　梨小蛀果孔处的虫粪

危害特点　梨小食心虫简称“梨小”，在苹果、梨、桃、李、杏、樱桃、枣等果树上均有发生，主要以幼虫蛀食果实进行为害，在有些果树上还可为害嫩梢。为害果实多从梗洼、萼洼及果实与果实相贴处蛀入。前期被害果实虫道较浅，蛀入孔周围凹陷；后期被害果实蛀果孔周围绿色，脱果孔较大，周围附着有虫粪。剖开虫果可见虫道直向果心，幼虫咬食种子，虫道内和种子周围有细粒虫粪（彩图284、彩图 285）。早期受害果容易脱落。

形态特征　成虫体长 4.6 ～ 6 毫米，翅展 10.6 ～ 15 毫米，全体灰褐色，无光泽；头部具灰色鳞片，触角丝状，下唇须灰褐色向上翘；前翅灰褐色，无紫色光泽（苹小食心虫全体带紫色光泽），混杂白色鳞片，中室外缘附近有一白色斑点，前翅前缘约有 10 组白色钩状纹，近外缘有 10 多个小黑点；后翅暗褐色，基部较淡，缘毛黄褐色（彩图 286）。与苹小食心虫的另一区别为前翅外缘不很倾斜，静止时两翅合拢，两外缘构成钝角，而苹小食心虫两外缘构成锐角，各足跗节末端灰白色，腹部灰褐色。卵扁椭圆形，长 0.6 毫米左右，半透明，中部隆起，初期乳白色，后呈淡黄白色。老熟幼虫体长 10 ～ 13 毫米，初孵化时白色，头与前胸黑色；数日后非骨化部分淡黄白色或粉红色，头部黄褐色，前胸背板浅黄白色或黄褐色，臀板浅黄褐色或粉红色；腹部末端具臀栉 4 ～ 7 刺，用以弹去粪粒，可据此特征与桃蛀果蛾幼虫（无臀栉）相区别；腹部背面每节无桃红色横纹，可与苹小食心虫幼虫相区别(彩图 287)。蛹体长 6 ～ 7 毫米，纺锤形，黄褐色，复眼黑色;第 3 ～ 7 腹节背面有 2 行刺突，第 8 ～ 10 腹节各有 1 行较大的刺突，腹部末端有 8 根钩刺。茧长 16 毫米左右，扁椭圆形，丝质白色。

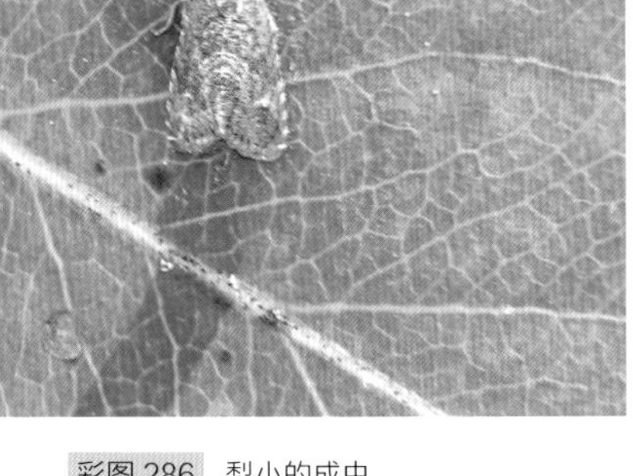

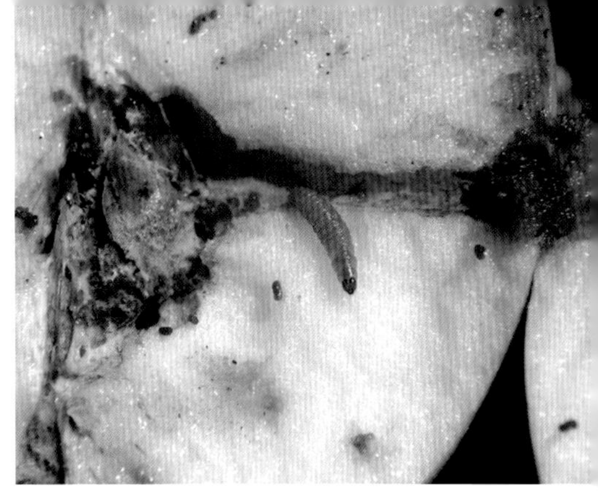

彩图 286　梨小的成虫

彩图 287　梨小的幼虫

发生习性　梨小食心虫在华北果区 1 年发生 3 ～ 4 代，黄河故道及陕西关中地区 1 年发生 4 ～ 5 代，南方果区 1 年发生约 6 ～ 7 代，各地均以老熟幼虫主要在树体翘皮裂缝中结茧越冬，或在树干基部接近土面的根际处或表层土壤中越冬，或在果实仓库堆果场及其果品包装点、包装器材等处越冬。第二年春树液开始流动时越冬幼虫开始化蛹、羽化。越冬代成虫发生盛期多在苹果开花期，由于发生期很不整齐，所以后期世代重叠严重。第 1、2 代幼虫主要为害桃梢，第 3 代及以后幼虫以为害果实为主，其中第 3 代为害果实最重。各虫态历期为：卵期 5 ～ 6 天、非越冬代幼虫期 25 ～ 30 天、蛹期 7 ～ 10 天、成虫寿命 4 ～ 15 天，生长期完成一代约需 40 ～ 50 天。

梨小成虫白天潜伏，傍晚开始活动，并交尾、产卵。成虫对糖醋液、黑光灯有很强的趋性，雄蛾对性引诱剂趋性强烈。雨水多、湿度大的年份有利于成虫产卵，梨小发生为害严重；与桃树混栽或相邻的苹果园梨小发生量大。

防治技术　以防治越冬幼虫和被害桃梢为基础，辅助于诱杀成虫，结合于喷药保护果实。

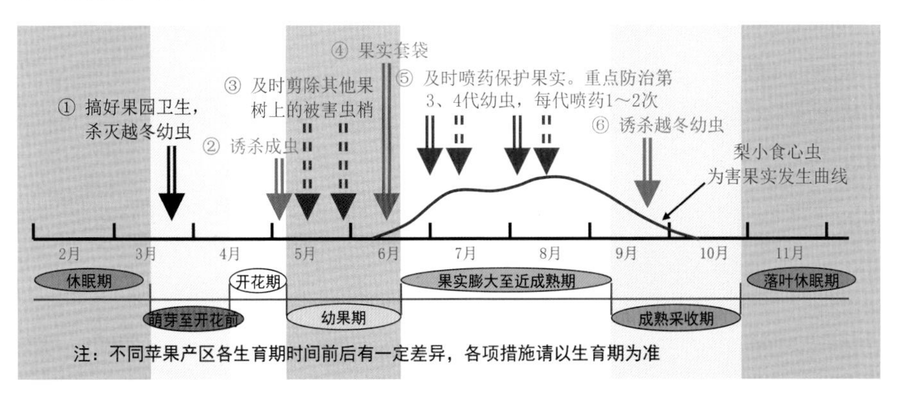

彩图288 捆绑在树干上的诱虫纸板(带)

(1)**诱杀越冬幼虫** 在越冬幼虫下树前(9月底或10月初),于树干上捆绑草环、麻袋片或专用诱捕纸板,诱集幼虫潜入越冬,然后在封冻前取下烧毁(彩图288)。

(2)**铲除越冬虫源** 发芽前,彻底刮除主干、主枝上的粗皮、翘皮,破坏害虫越冬场所,并将刮下的树皮组织集中烧毁或深埋。同时,清除果园内的(特别是树冠下的)杂草、落叶。然后全园喷施1次3～5波美度石硫合剂或45%石硫合剂晶体40～60倍液,消灭残余越冬幼虫。

(3)**及时剪除被害桃梢** 梨小的第1、2代幼虫主要为害桃梢,及时剪除被害桃梢、集中销毁,对后期防治果实受害具有重要作用。该项措施集中连片果区必须协同统一进行才能收到较好的防治效果。

彩图289 苹果园内的频振式诱虫灯

(4)**诱杀成虫** 利用成虫对黑光灯、糖醋液的趋性,在果园内设置黑光灯或频振式诱虫灯或糖醋液诱蛾盆诱杀成虫(彩图289)。糖醋液配方为:糖∶醋∶水∶酒=4∶2∶4∶0.5。另外,也可使用梨小性引诱剂诱杀雄蛾。

(5)**适期喷药防治** 药剂防治的关键是喷药时期。可结合诱杀成虫进行测报,在每次诱蛾高峰后2～3天各喷药1次,即可有效防治梨小为害果实。常用有效药剂有:48%毒死蜱乳油1200～1500倍液、50%马拉硫磷乳油1500～2000

倍液、4.5%高效氯氰菊酯乳油或水乳剂 1500 ～ 2000 倍液、5%高效氯氟氰菊酯乳油 3000 ～ 4000 倍液、2.5%溴氰菊酯乳油 1500 ～ 2000 倍液、90%灭多威可溶性粉剂 3000 ～ 4000 倍液、52.25%氯氰·毒死蜱乳油 1500 ～ 2000 倍液、48%毒·辛乳油 1000 ～ 1500 倍液等。喷药时必须及时、均匀、周到。

（6）**其他措施** 实施果实套袋，阻止梨小对果实的为害。新建果园时，避免苹果与桃树混栽，并尽量远离桃树，以降低梨小为害程度。有条件的果园，在梨小食心虫产卵初盛期，释放松毛虫赤眼蜂，每 5 天释放 1 次，每次每亩释放 3 万头，可有效防治第 1、2 代卵。

棉铃虫

危害特点 棉铃虫在苹果、梨、桃、李、葡萄等果树上均有发生，均以幼虫进行为害。成虫将卵散产在嫩叶、嫩梢及果实上，1、2 龄幼虫主要取食嫩叶和嫩梢，造成孔洞和缺刻（彩图 290）；3 龄后开始蛀食果实，多在果实的中部进行钻蛀，头胸部钻入果实内，后半部暴露在果实外，虫粪多附着在果面上（彩图 291）。幼果被害后，形成褐色干疤或大孔洞，导致受害果腐烂、早落或失去商品价值（彩图 292）。棉铃虫具有转果为害习性，1 头幼虫可钻蛀多个果实。

彩图 290 棉铃虫幼虫啃食叶片

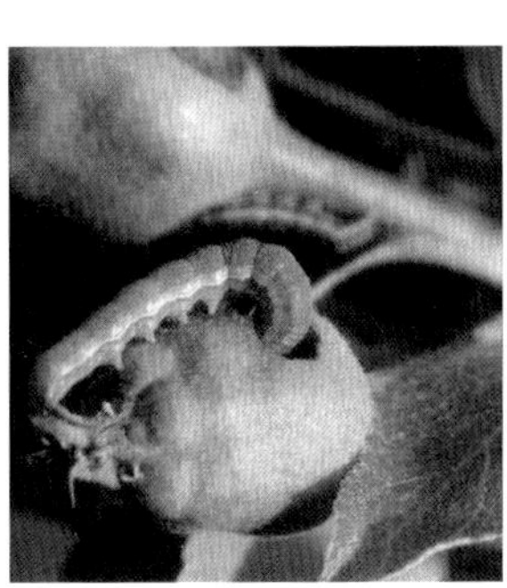

彩图 291 棉铃虫幼虫正在蛀果为害

彩图 292 棉铃虫钻蛀为害的幼果

形态特征 成虫灰褐色，体长 15 ～ 20 毫米，翅展 31 ～ 40 毫米，复眼球形，绿色；前翅外横线外有深灰色宽带，带上有 7 个小白点，肾纹、环纹暗褐色；后翅灰白色，沿外缘有黑褐色宽带，宽带中央有 2 个相连的白斑，前缘有 1

个月牙形褐色斑（彩图 293）。卵半球形，高 0.46 ～ 0.52 毫米，顶部微隆起，表面布满纵横纹，纵纹从顶部看有 12 条，中部 2 纵纹之间夹有 1 ～ 2 条短纹且多 2 ～ 3 岔（彩图 294）。幼虫共有 6 龄，老熟时体长 30 ～ 42 毫米，头黄褐色有不明显的斑纹；幼虫体色多变，常见为褐色型（体淡红色，背线、亚背线褐色，气门线白色，毛突黑色）（彩图 295）和绿色型（体深绿色，背线、亚背线不太明显，气门淡黄色）（彩图 296），有时也可见黄白色型（体黄白色，背线、亚背线淡绿色，气门线白色，毛突与体色相同）和淡绿色型（体淡绿色，背线、亚背线不明显，气门线白色，毛突与体色相同）；腹部各节背面有许多小毛瘤，上生小刺毛；气门椭圆形，围气门片黑色。蛹纺锤形，长 17 ～ 20 毫米，赤褐色至黑褐色，腹末有 1 对臀刺，刺的基部分开；气门较大，围孔片呈筒状突起较高，腹部第 5 ～ 7 节的点刻半圆形，较粗而稀。

发生习性　棉铃虫在华北地区 1 年发生 4 代，以蛹在土壤中越冬。第二年 4 月中下旬开始羽化，5 月上中旬为羽化盛期。第 1 代幼虫主要为害麦类、苜蓿、豌豆等早春作物，少数也可为害苹果、桃、李、杏；以后各代均可为害苹果、梨、桃、李、杏果实，以 6 月下旬至 7 月上旬的第 2 代幼虫为害最重，8 月上中旬、9 月上中旬相继发生第 3 代、第 4 代，但 2、3、4 代世代重叠。10 月上中旬，幼虫老熟后入土化蛹。成虫昼伏夜出，对黑光灯、萎蔫的杨柳枝有强烈趋性。卵散产于嫩叶或果实上，雌蛾产卵持续 7 ～ 13 天，卵期 3 ～ 4 天。低龄幼虫取食嫩叶，3 龄

彩图 293　棉铃虫成虫

彩图 294　棉铃虫卵

彩图 295　棉铃虫的褐色型幼虫

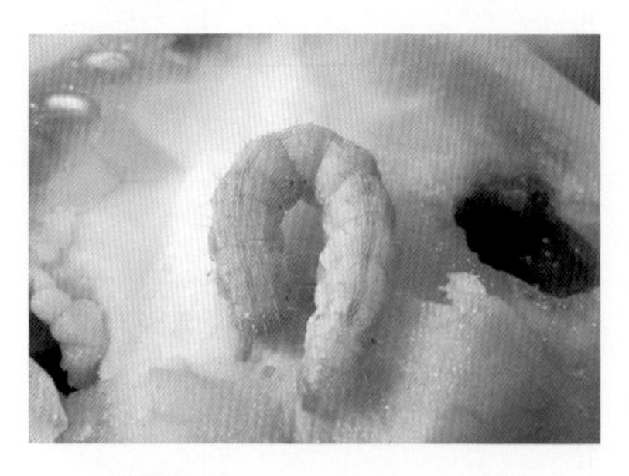

彩图 296　棉铃虫的绿色型幼虫

后以蛀果为主，早晨有在叶面爬行的习性。幼虫期 15 ～ 22 天，共 6 龄，老熟后入土化蛹。蛹期 8 ～ 10 天。

中早熟品种（金冠、元帅等）较晚熟品种（富士、国光等）受害重，苹果园内间作棉花、大豆、辣椒、番茄等作物时受害较重。

防治技术

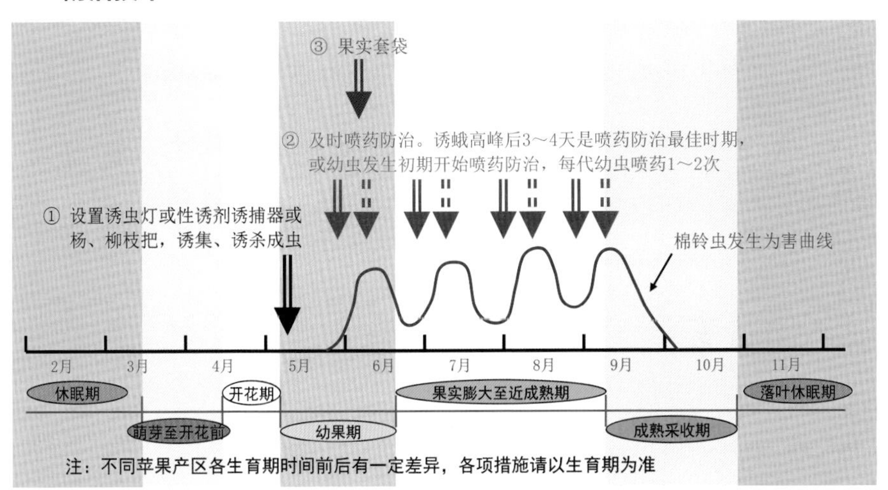

（1）**诱杀成虫**　在果园内设置黑光灯或频振式诱虫灯，诱杀棉铃虫成虫（彩图 297）。设置棉铃虫性引诱剂诱捕器，诱杀（雄）成虫。也可利用杨、柳枝把诱蛾，方法为：把 50 ～ 60 厘米长的杨树或柳树枝 8 ～ 10 根捆成一把，上部捆紧，下部绑一根木棍，将木棍插入土中，每 10 ～ 15 米设置一个，每天早晨捕杀成虫，10 ～ 15 天换一次树把。

（2）**适期喷药防治**　根据诱蛾测报，成虫发生高峰期后 2 ～ 3 天是喷药防治的最佳时期；一般果园也可掌握在幼虫发生初期开始喷药。每代幼虫喷药 1 ～ 2 次即可，上午 10 点前喷药效果最好。常用有效药剂有：1.8% 阿维菌素乳油 2500 ～ 3000 倍液、1% 甲氨基阿维菌素苯甲酸盐乳油 2000 ～ 3000 倍

彩图 297　苹果园内悬挂诱虫灯

液、48%毒死蜱乳油或40%可湿性粉剂1200～1500倍液、50%丙溴磷乳油1500～2000倍液、52.25%氯氰·毒死蜱乳油1500～2000倍液、24%灭多威水剂800～1000倍液、20%氟苯虫酰胺水分散粒剂2000～3000倍液、35%氯虫苯甲酰胺水分散粒剂5000～7000倍液、240克/升甲氧虫酰肼悬浮剂1500～2000倍液、20%灭幼脲悬浮剂1500～2000倍液、5%除虫脲乳油1500～2000倍液、4.5%高效氯氰菊酯乳油或水乳剂1500～2000倍液、20%甲氰菊酯乳油1500～2000倍液、5%高效氯氟氰菊酯乳油3000～4000倍液、10%阿维·氟酰胺悬浮剂3000～4000倍液等。另外，防治效果较好的生物农药还有：100亿活芽孢/克苏云金杆菌可湿性粉剂300～500倍液、20×10^{8}PIB/毫升悬浮剂棉铃虫核型多角体病毒600～800倍液等。喷药时，若在药液中混加有机硅类农药助剂，可显著提高杀虫效果。注意不同类型药剂交替或混合使用，以防止害虫产生耐药性。

（3）**其他措施**　尽量果实套袋，套袋后的果实可免遭棉铃虫为害。有条件的果园，在每代卵期释放赤眼蜂。幼树果园，不要在园内间作棉花、番茄等棉铃虫嗜好的寄主作物。

金纹细蛾

危害特点　金纹细娥以幼虫潜入表皮下食害叶肉，使下表皮与叶肉分离（彩图298）。叶面呈现黄绿色至黄白色、椭圆形、筛网状虫斑，似玉米粒大小。叶背表皮皱缩鼓起，叶片向背面卷曲。虫斑内有黑色虫粪。严重时，一张叶片有十多个虫斑，可造成早期落叶。成虫羽化后飞出叶外，蛹壳一半留在羽化孔处。

彩图298　金纹细蛾为害状

形态特征 成虫体长2.5～3毫米，翅展6.5～8毫米，头、胸、前翅金褐色，腹部银灰色，尾毛褐色；头顶有银白色鳞毛，触角丝状，复眼黑色；前翅狭长，翅端前缘及后缘各有3条白色和褐色相间的放射状条纹；后翅尖细，有长缘毛（彩图299）。卵扁椭圆形，长约0.3毫米，乳白色。老熟幼虫体长约6毫米，扁纺锤形，黄色，腹足3对（彩图300）。蛹梭形，长3～4毫米，黄褐色，头两侧具1对角状突起（彩图301、彩图302）。

彩图299 金纹细蛾成虫

彩图300 金纹细蛾幼虫

彩图301 金纹细蛾蛹

彩图302 金纹细蛾蛹壳

发生习性 金纹细蛾在北方果区1年发生4～5代，以蛹在受害叶片内越冬。第二年苹果发芽时羽化为成虫，越冬代成虫从4月上旬开始出现，4月下旬为发生盛期。第1代卵主要产在发芽早的品种和根蘖苗上，落花70%～80%时是第1代幼虫孵化盛期。落花后40天左右是第2代幼虫孵化盛期，以后约35天左右一代。华北果区，第1代幼虫发生高峰在落花后，第2代幼虫发生高峰在麦收前，第3代幼虫发生高峰在7月中旬前后，第4代幼虫发生高峰在8月中下旬前后。第1、2代发生时间较整齐，是药剂防治的关键；以后各代发生混乱，世代重叠，高峰期不集中。

卵产于叶背，幼虫孵化后从卵与叶片接触处咬破卵壳，直接蛀入叶内为害，老熟后在虫斑内化蛹。成虫羽化时蛹壳的一半外露。

防治技术

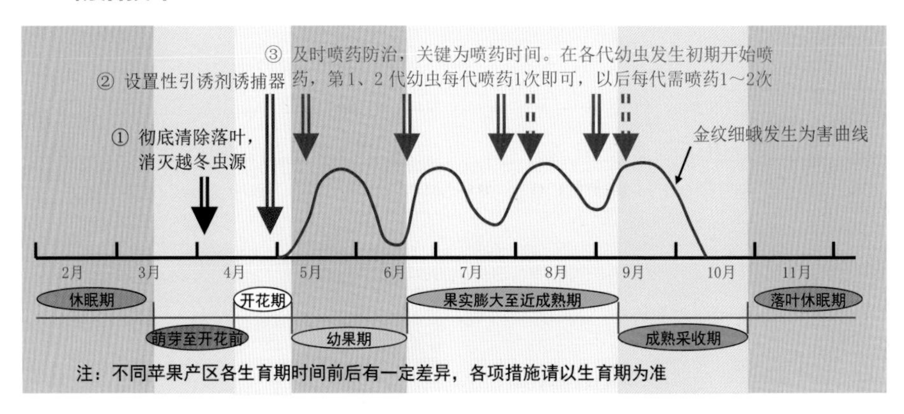

（1）**搞好果园卫生**　落叶后至发芽前彻底清除树上、树下的落叶，集中烧毁，并翻耕树下土壤，清除害虫越冬场所，消灭越冬虫蛹。

（2）**性诱剂诱杀雄蛾**　在成虫发生期内，于果园内设置性引诱剂诱捕器，诱杀成虫（彩图 303）。连片果园必须统一使用性诱剂，否则使用者可能会加重受害。一般每亩设置诱捕器 2 ～ 3 点，性引诱剂诱芯每 1.5 个月更换 1 次。

（3）**及时药剂防治**　关键为喷药时期。第 1 代幼虫防治时期为落花后立即喷药，第 2 代幼虫防治时期为落花后 40 天左右喷药；3 ～ 5 代因幼虫发生不整齐，注意在幼虫集中发生初期喷药即可。也可利用性诱剂进行测报，出现蛾峰后即为喷药防治关键期。一般每代幼虫发生期喷药 1 次即可。常用有效药剂有：25％灭幼脲悬浮剂 1500 ～ 2000 倍液、35％氯虫苯甲酰胺水分散粒剂 15000 ～ 20000 倍液、1.8％阿维菌素乳油 2000 ～ 3000 倍液、2％甲氨基阿维菌素苯甲酸盐微乳剂 4000 ～ 5000 倍液、90％灭多威可溶性粉剂 3000 ～ 4000 倍液、20％杀铃脲悬浮剂 3000 ～ 4000 倍液、20％除虫脲悬浮剂 2000 ～ 3000 倍液、240 克 / 升甲氧虫酰肼悬浮剂 2000 ～ 2500 倍液等。在药液中混加有机硅类等农药助剂，可显著提高杀虫效果。

彩图 303　金纹细蛾性引诱剂诱捕器

苹果绵蚜

危害特点　苹果绵蚜以成虫、若虫集中在枝干上的剪锯口、病虫伤口、裂皮缝、新梢叶腋、短果枝、果柄、果实的梗洼和萼洼以及根部刺吸汁液为害，被害部位寄主组织受刺激形成肿瘤，其上覆盖有大量的白色绵絮状物，非常容易识别（彩图 304 ～彩图 309）。挖开受害植株浅层根部，受害根系也形成大小不等的根瘤。受害树体发育不良，长势衰弱，产量降低。叶柄变黑，叶片黏附蚜虫分泌物，影响光合作用，甚至造成早期落叶。果实受害发育受阻，品质下降，甚至诱发滋生煤状杂菌（彩图 310）。

彩图 304　苹果绵蚜在环剥口处的为害状

彩图 305　苹果绵蚜在锯口处的为害状

彩图 306　苹果绵蚜在嫁接口处的为害状

彩图 307　苹果绵蚜为害枝条上的肿瘤

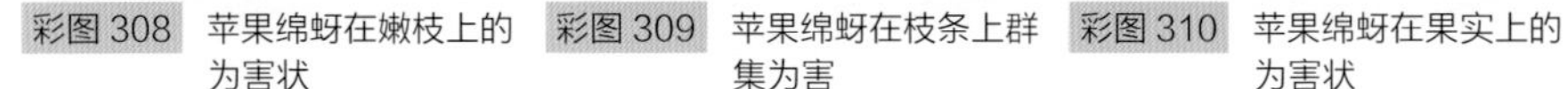

彩图 308 苹果绵蚜在嫩枝上的为害状

彩图 309 苹果绵蚜在枝条上群集为害

彩图 310 苹果绵蚜在果实上的为害状

形态特征 有翅胎生雌蚜体长 1.7 ～ 2 毫米，翅展 6 ～ 6.5 毫米，暗褐色，腹部淡色；触角 6 节，第 3 节最长，第 3 ～ 6 节依次有环状感觉器 17 ～ 20 个、3 ～ 5 个、3 ～ 4 个、2 个；前翅中脉分 2 叉，翅脉与翅痣均为棕色。无翅胎生雌蚜体长 1.8 ～ 2.2 毫米，宽约 1.2 毫米；椭圆形，无斑纹，体表光滑；腹部膨大，暗红至暗红褐色，腹背具四条纵列的泌蜡孔，分泌白色蜡质丝状物，所以群集为害处常有白色绵絮状物；腹部体侧有侧瘤，着生短毛，腹管半环形，围有 5 ～ 10 对毛，尾片有短毛 1 对，尾板毛 19 ～ 24 对（彩图 311）。若虫共有 4 龄，老龄时体长 0.65 ～ 1.45 毫米，体黄褐色至红褐色，略呈圆筒形，喙细长，向后延伸，体被白色绵状物。卵椭圆形，长约 0.5 毫米，宽约 0.2 毫米，初产橙黄色，后变褐色，表面光滑，外被白粉，精孔明显可见。

彩图 311 苹果绵蚜的无翅胎生雌蚜

发生习性 苹果绵蚜1年发生14～18代，主要以若蚜在根瘤褶皱中、根蘖基部、枝干裂缝、病虫伤疤边缘、剪锯口周围、环剥口处及1年生枝芽侧越冬。芽萌动时开始出蛰活动为害，4月底至5月初越冬若虫变为无翅孤雌成虫，以胎生方式进行繁殖，5月上旬新生若虫扩散转移到当年生枝条叶腋、芽基部为害，成熟后继续孤雌胎生，5月中旬开始蔓延。5月中旬至7月初，苹果绵蚜繁殖力极强，蔓延快，达全年为害高峰。高温季节不利于苹果绵蚜繁殖，为害减轻。秋季气温下降，出现第二次发生为害高峰。10月下旬若蚜陆续越冬。

近距离传播以有翅蚜迁飞为主，远距离传播主要通过带虫苗木、接穗、果实等的调运。

防治技术

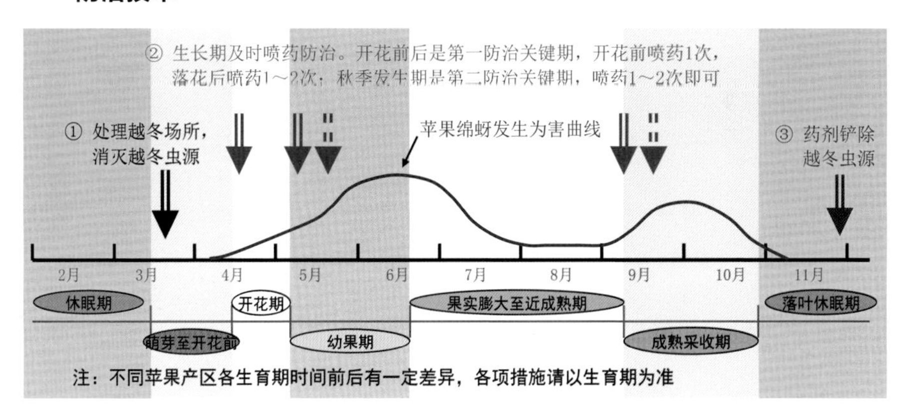

（1）**清除越冬虫源** 苹果落叶后至发芽前，彻底刨除根蘖，刮除枝干粗皮、翘皮，清理剪锯口和病虫伤疤周围，集中杀灭越冬虫源。严重果园，落叶后使用48%毒死蜱乳油400～500倍液涂刷剪锯口和病虫伤疤及浇灌根颈部，铲除残余虫源。

（2）**生长期药剂防治** 苹果萌芽后至开花前和落花后10天左右是药剂防治苹果绵蚜的第一个关键期，开花前喷药1次（重点喷洒苹果绵蚜可能越冬的部位）、落花后需喷药1～2次（间隔期7～10天）；秋季苹果绵蚜数量再次迅速增加时，是药剂防治的第二个关键期，喷药1～2次即可。常用有效药剂为：48%毒死蜱乳油1000～1500倍液、25%吡蚜酮可湿性粉剂2000～2500倍液、70%吡虫啉水分散粒剂8000～10000倍液、350克/升吡虫啉（连胜）悬浮剂4000～5000倍液、5%啶虫脒乳油2000～3000倍液、20%啶虫脒可溶性粉剂8000～10000倍液等。喷药时，在药液中混加有机硅类等农药助剂，可增强药剂对苹果绵蚜的黏着和展着性能，提高杀虫效果。

绣线菊蚜

危害特点 绣线菊蚜俗称“苹果黄蚜”，在苹果、梨等果树上均有发生，以成虫、若虫刺吸嫩叶、新梢及幼果汁液进行为害。被害新梢上的叶片凹凸不平并向叶背弯曲横卷，影响新梢生长发育。虫量大时，新梢及叶片表面布满黄色蚜虫（彩图 312、彩图 313）。幼果受害，虫量小时果实受害状不明显，虫量大时导致果实凹凸不平，严重影响果品质量（彩图 314）。

彩图 312 绣线菊蚜群集嫩片背面为害

彩图 313 绣线菊蚜群集嫩梢上为害

彩图 314 绣线菊蚜群集幼果上为害

形态特征 有翅胎生雌蚜体长 1.5 ～ 1.7 毫米，翅展约 4.5 毫米左右，体近纺锤形，头、胸、口器、腹管、尾片均为黑色，腹部黄绿色至浅绿色，复眼暗红色；触角丝状 6 节，较体短，第 3 节有圆形次生感觉圈 6 ～ 10 个，第 4 节有 2 ～ 4 个；尾片圆锥形，末端稍圆，有 9 ～ 13 根毛（彩图 315）。无翅胎生雌蚜体长 1.6 ～ 1.7 毫米，宽约 0.95 毫米，体长卵圆形，黄色至黄绿色；复眼、口器、腹管和尾片均为黑色；触角 6 节，显著比体短，基部浅黑色，无次生感觉圈；腹管圆柱形向末端渐细，尾片圆锥形，生有 10 根左右弯曲的毛；体两侧有明显的乳头状突起（彩图 316）。卵椭圆形，长约 0.5 毫米，初产时浅黄色，渐变黄褐色、暗绿色，孵化前为漆黑色，有光泽。若虫鲜黄色，无翅若蚜腹部较肥大，腹管短；有翅若蚜胸部发达，具翅芽，腹部正常。

彩图 315 绣线菊蚜的有翅胎生雌蚜

彩图 316　绣线菊蚜的无翅胎生雌蚜

发生习性　绣线菊蚜 1 年发生 10 余代，以卵在枝条的芽旁、枝杈或树皮缝内等处越冬，以 2 ～ 3 年生枝条的分杈和鳞痕处的皱缝处卵量较多。第二年苹果芽萌动后开始孵化，若蚜集中到芽和新梢嫩叶上为害，10 余天后发育成熟，陆续孤雌繁殖胎生后代。5 ～ 6 月份主要以无翅胎生繁殖，是苹果新梢受害盛期；气候干旱时，蚜虫种群数量繁殖快，为害重。进入 6 月份后产生有翅蚜，逐渐迁飞至其他寄主植物上为害。10 月份又回迁到苹果树上，产生有性蚜，有性蚜交尾后陆续产卵越冬。

防治技术

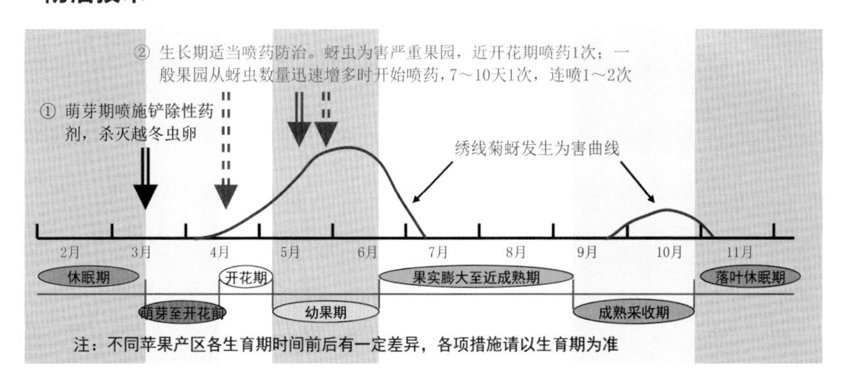

（1）**休眠期防治** 苹果芽萌动时，均匀周到地喷施1次3～5波美度石硫合剂、45%石硫合剂晶体40～60倍液或99%机油乳剂200～300倍液，杀灭越冬虫卵。

（2）**生长期药剂防治** 往年为害严重果园，在萌芽后近开花时，喷药1次，对控制绣线菊蚜的全年为害效果显著；一般果园，落花后至麦收是药剂防治的主要时期。当嫩梢上的蚜虫数量开始迅速上升时或开始为害幼果时（多为5月中下旬至6月初）开始喷药，7～10天1次，连喷2次左右即可。常用有效药剂有：70%吡虫啉水分散粒剂8000～10000倍液、350克/升吡虫啉（连胜）悬浮剂4000～6000倍液、10%吡虫啉可湿性粉剂1500～2000倍液、20%啶虫脒（莫比朗）可溶性粉剂8000～10000倍液、25%吡蚜酮可湿性粉剂2000～2500倍液、24%灭多威可溶性液剂1000～1200倍液、4.5%高效氯氰菊酯乳油或水乳剂1500～2000倍液、2.5%高效氯氟氰菊酯乳油1500～2000倍液、20%溴氰菊酯乳油1500～2000倍液、48%毒死蜱乳油1500～2000倍液、52.25%氯氰·毒死蜱乳油2000～2500倍液等。喷药时，在药液中混加有机硅类等农药助剂，可显著提高杀虫效果。

（3）**保护和利用天敌** 绣线菊蚜的天敌种类很多，主要有瓢虫、草蛉、食蚜虻、寄生蜂、花蝽等。药剂防治绣线菊蚜时，根据蚜虫数量决定是否用药，并尽量选用防治蚜虫的专化药剂，以保护天敌的繁殖增长。

苹果瘤蚜

危害特点 苹果瘤蚜俗称"卷叶蚜虫"，以成虫和若虫群集在嫩叶上刺吸汁液为害，主要发生在个别树的局部枝条上。受害叶片首先出现红斑，不久边缘向背后纵卷成双筒状，叶肉组织增厚，叶面凹凸不平；后期叶片逐渐变黑褐色，最终干枯。严重受害新梢叶片全部卷缩，并逐渐枯死（彩图317）。

形态特征 无翅胎生雌蚜体长1.4～1.6毫米，暗绿色，近纺锤形，头淡黑色，复眼暗红色，胸部和腹部背面有黑色横带；腹管长筒形，末端稍细，具瓦状纹（彩图318）。有翅胎生雌蚜体长约1.5毫米，翅展4毫米，头部、胸部、口器、复眼、触角均为黑色，额瘤显著，腹部暗绿色，翅透明；触角第3节有次生感觉圈23～27个，第4节有4～8个，第5节有0～5个。无翅若虫淡绿色，体小，形似无翅雌蚜。有翅若蚜胸部发达，有1对暗色翅芽。卵长椭圆形，长约0.5毫米，黑绿色，有光泽。

彩图 317　苹果瘤蚜为害状

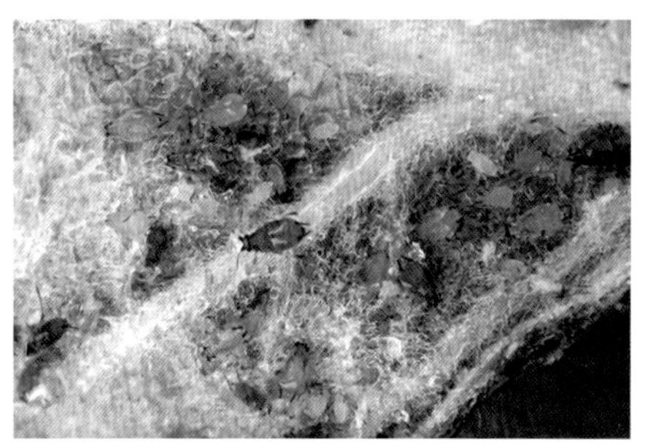

彩图 318　苹果瘤蚜的无翅胎生雌蚜

发生习性　苹果瘤蚜 1 年发生 10 多代，以卵主要在一年生枝条芽缝、剪锯口等处越冬，也可在短果枝皱痕和芽鳞片上越冬。翌年苹果萌发时，越冬卵开始孵化，孵化期约半个月。初孵幼蚜群集在芽或嫩叶上为害，经 10 天左右发育成无翅胎生雌蚜，并有少数有翅胎生雌蚜，经孤雌胎生繁殖，扩大种群数量，并逐渐在新梢上扩散为害，导致叶片纵卷。5 ～ 6 月份为害最重，盛期在 6 月中下旬，10 ～ 11 月份出现有性蚜，交尾后产卵，以卵越冬。

防治技术

（1）**消灭越冬虫源**　结合冬剪，剪除被害枝梢，铲除越冬场所。苹果萌芽期喷施 1 次 3 ～ 5 波美度石硫合剂或 45%石硫合剂晶体 40 ～ 60 倍液，杀灭越冬虫卵。

（2）**生长期药剂防治**　关键为喷药时间，应掌握在越冬卵全部孵化之后、叶片尚未卷曲之前进行。一般应在苹果发芽后半月左右至开花前进行，喷药 1 次即可。常用有效药剂同“绣线菊蚜”。也可结合苹果绵蚜的防治一并进行。

（3）**药剂涂干**　叶片卷曲后再进行喷药防治效果常不理想，可用树干涂药法进行防治。一般使用 5%啶虫脒乳油 15 ～ 20 倍液用毛刷沿主干或受害枝条下部主枝涂药一圈，宽度约为主干或主枝的半径至直径。若树皮厚而粗糙，先用刮刀刮至稍微露嫩皮后再涂药。涂药后立即用塑料膜包好，5 ～ 7 天后再及时取下薄膜。该法适用于缺水的山区果园，且不伤害天敌。

康氏粉蚧

危害特点　康氏粉蚧在苹果、梨、葡萄、桃、李、杏、核桃等多种果树上均有发生，主要为害果实，也可为害芽、叶、枝干及根部（彩图 319 ～彩图 321），

彩图 319　康氏粉蚧为害嫩梢

彩图 320　康氏粉蚧为害枝干

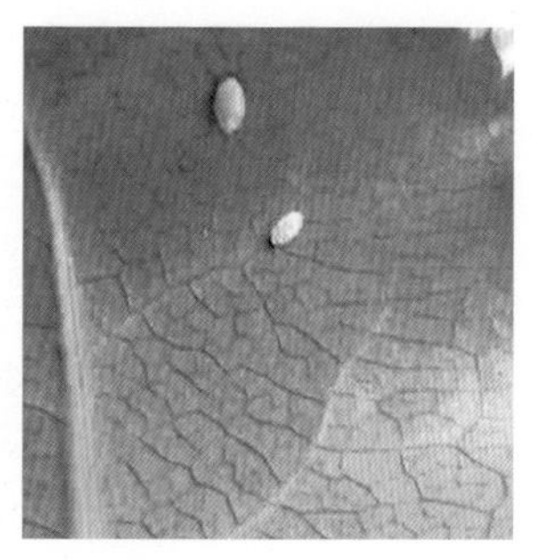

彩图 321　康氏粉蚧为害叶片

以若虫和雌成虫刺吸汁液为害。幼果受害，多形成畸形果；近成熟果受害，形成凹陷斑点，有时斑点呈褐色枯死，枯死斑表面常带有白色蜡粉。套袋果受害，多集中在梗洼和萼洼处。嫩枝和根部被害处常肿胀，易造成皮层纵裂而枯死。另外，虫体排泄的蜜露常引起煤污病发生。

形态特征　雌成虫体长 5 毫米，宽 3 毫米左右，扁椭圆形，淡粉红色，体表被有白色蜡粉，体缘具有 17 对白色蜡丝，蜡丝基部较粗，向端部渐细，体前端蜡丝较短，向后渐长，最后 1 对特长，约为体长的 2/3;触角丝状 7 ～ 8 节，末节最长；足细长（彩图 322）。雄成虫体长 1.1 毫米，翅展 2 毫米左右，体紫褐色，触角和胸背中央色淡;前翅发达透明，后翅退化为平衡棒;尾毛长。卵椭圆形，长 0.3 ～ 0.4 毫米，浅橙黄色，被白色蜡粉。雌若虫 3 龄，雄若虫 2 龄；1 龄椭圆形，长 0.5 毫米，淡黄色，体侧布满刺毛；2 龄体长 1 毫米，被有白色蜡粉，体缘出现蜡刺;3 龄体长 1.7 毫米，与雌成虫相似。雄蛹体长 1.2 毫米，淡紫色。 茧长椭圆形，长 2 ～ 2.5 毫米，白色棉絮状。

彩图 322　在苹果萼洼的康氏粉蚧雌成虫

发生习性 康氏粉蚧1年发生3代，主要以卵在树皮缝、树干基部附近的土壤缝隙等隐蔽处越冬，少数以若虫和受精雌成虫越冬。第二年果树发芽时越冬卵逐渐开始孵化，初孵若虫爬到枝、芽、叶等幼嫩部位为害，其体表并逐渐分泌蜡粉，初孵若虫完全被蜡粉覆盖约需7～10天。在北方果区，第1代若虫发生盛期为5月中下旬（套袋前），6月上旬至7月上旬陆续羽化，交配产卵；第2代若虫发生盛期约为7月中下旬，8月上旬至 9月上旬羽化，交配产卵；第3代若虫发生盛期约为8月下旬左右，9月下旬开始羽化，然后交配产卵越冬。雌若虫期35～50天，雄若虫期25～40天，各代若虫发生期均持续时间较长，尤以第3代最为突出，有世代重叠。

防治方法

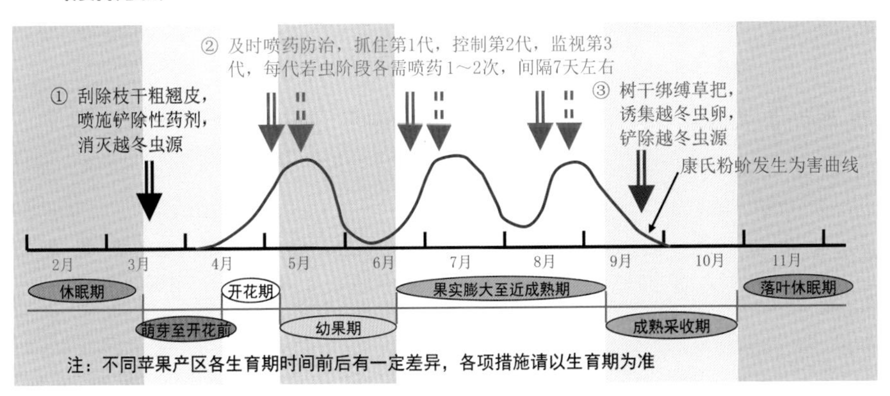

（1）**消灭越冬虫卵** 9月份在树干上绑缚草把，诱集成虫产卵，入冬后解下烧毁。萌芽前，刮除枝干粗皮、翘皮，并集中销毁，破坏越冬场所。萌芽期（嫩芽露绿前），喷施1次40%杀扑磷（高毒）乳油800～1000倍液、48%毒死蜱乳油600～800倍液、3～5波美度石硫合剂或45%石硫合剂晶体40～60倍液，杀灭越冬虫卵。

（2）**生长期及时喷药防治** 关键要抓住前期，即抓住第1代若虫、控制第2代若虫、监视第3代若虫。在若虫分散转移期至被蜡粉完全覆盖前喷药防治最佳，每代各需喷药1～2次，间隔期7天左右。常用有效药剂有：48%毒死蜱乳油1200～1500倍液、40%毒死蜱可湿性粉剂1000～1500倍液、240克/升螺虫乙酯悬浮剂4000～5000倍液、25%噻嗪酮（优乐得）可湿性粉剂800～1000倍液、20%甲氰菊酯乳油1200～1500倍液、5%高效氯氟氰菊酯乳油2000～3000倍液等。喷药时必须均匀、周到、细致，淋洗式喷雾效果最好。若在药液中混加有机硅类等农药助剂，可显著提高杀虫效果。对于套袋苹果，套袋前5～7天内必须喷药。

梨圆蚧

危害特点 梨圆蚧又称梨笠圆盾蚧，在苹果、梨、山楂、桃、李、杏、葡萄、枣等多种果树上均有发生，以雌成虫和若虫刺吸枝条、果实或叶片的汁液进行为害，以为害果实损失最重。枝条受害可见大量密集的灰白色小点，其下及周围呈现红色圆斑，严重时皮层爆裂，抑制生长，甚至枯死。果实受害，多集中在萼洼和梗洼处，虫量大时布满整个果面，表面似有许多凹陷小斑点，虫体周围形成一圈红晕，俗称“红眼圈”；严重时果面龟裂（彩图 323）。为害叶片时，多集中在主脉附近，被害处呈淡褐色，逐渐枯死，严重时引起落叶。

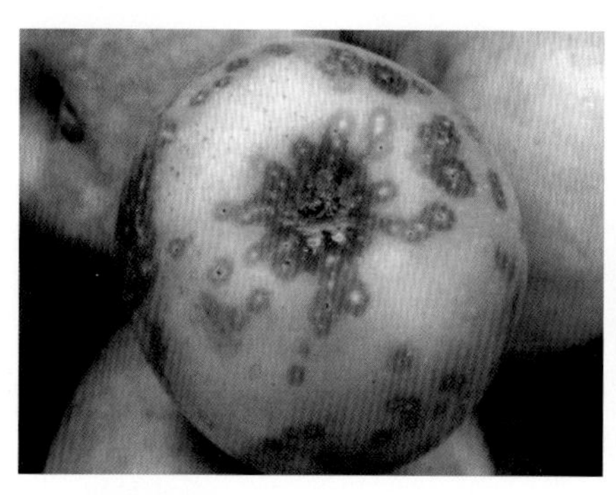

彩图 323 梨圆蚧在苹果上的为害状

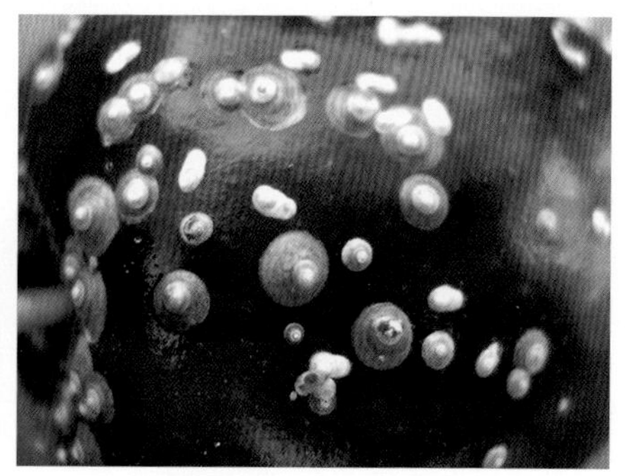

彩图 324 梨圆蚧雌成虫

形态特征 雌成虫扁椭圆形，体长 0.93 ～ 1.65 毫米，宽 0.75 ～ 1.53 毫米，橙黄色，足、眼退化，口器丝状，位于腹面中央；介壳近圆形，斗笠状，灰白色至灰褐色，具突起的同心轮纹，直径约 1.8 毫米，壳点位于中央，黄色至黄褐色（彩图 324）。雄成虫体长约 0.6 毫米，翅展约 1.32 毫米，黄白色，眼暗紫红色，翅卵圆形透明，交尾器剑状；介壳长形，壳点位于一端。卵长卵形，长约 0.23 毫米，初乳白色，渐变黄色至橘黄色，孵化前橘红色。初孵若虫扁椭圆形，橙黄色，长约 0.2 毫米，没有介壳；2 龄若虫开始分泌介壳，固定不动，外形似雌成虫。雄蛹橘黄色，长约 0.6 毫米，眼点暗紫色，触角、足正常。

发生习性 梨圆蚧在北方果区 1 年发生 3 代，南方果区发生 4 ～ 5 代，均以 2 龄若虫和少数受精雌虫固着在枝条上越冬，第二年春季树液流动后开始为害。北方果区，5 月中下旬至 6 月上旬羽化为成虫，羽化后即行交尾。雄虫交尾后死亡，雌虫继续为害至 6 月中旬开始卵胎生繁殖，至 7 月上中旬结束，6 月底前后为产仔生殖盛期。生殖期约一个多月。胎生若虫从母体介壳爬出，向嫩枝、果实及叶片转移；之后固着为害，并开始分泌蜡质逐渐形成介壳。第1代若虫主要在6月上旬至7月上旬出现，第2代若虫主要发生于7月下旬至9月上旬，第3代若虫主要发生于9月上旬至11月上旬。由于越冬虫态不同，且生殖期较长，所以田间表现明显世代重叠，有时很难判断具体代龄。

防治技术

（1）**消灭越冬虫源** 结合修剪，彻底剪除虫枝，集中烧毁；或用人工方法直接擦刷虫体，铲除越冬虫源。树液流动后至萌芽前，喷施1次40%杀扑磷（高毒）乳油800～1000倍液、48%毒死蜱乳油600～800倍液、3～5波美度石硫合剂、45%石硫合剂晶体40～60倍液或99%机油乳剂100～200倍液，杀灭越冬虫源。

（2）**生长期及时喷药防治** 关键要抓住各代若虫阶段，将若虫杀灭在形成介壳前或形成介壳初期；其中杀灭第1代若虫对全年防治至关重要。一般果园仅防治第1代和第2代即可，每代需喷药1～2次，间隔期7天左右。套袋果园，套袋前5～7天内必须喷药。喷药时必须均匀周到，淋洗式喷雾效果最好。若在药液中混加有机硅类等农药助剂，可显著提高杀虫效果。常用有效药剂同“康氏粉蚧”。

朝鲜球坚蚧

危害特点 朝鲜球坚蚧又称朝鲜球蚧、桃球坚蚧、杏球坚蚧，在苹果、梨、桃、李、杏、樱桃、山楂等果树上均有发生，主要以若虫和雌成虫在枝条上刺吸汁液为害，群集或分散，2龄后多固定不动，虫体逐渐膨大。严重时，导致树势衰弱，枝叶生长不良，甚至枝条枯死（彩图325）。

彩图325 朝鲜球坚蚧群集在小枝上为害

形态特征 雌成虫体近球形，长4.5毫米，宽3.8毫米，高3.5毫米；初期介壳质软，黄褐色，后期硬化，红褐色至黑褐色，表面有极薄的蜡粉，背中线两侧各具一纵列不甚规则的小凹点（彩图 326）。雄成虫体长 1.5 ～ 2 毫米，有 1 对翅，腹末外生殖器两侧各有 1 条白色蜡质长毛；介壳长扁圆形。卵椭圆形，长约 0.3 毫米，橙黄色，近孵化时显出红色眼点（彩图 327）。若虫长椭圆形，初孵时红褐色；越冬若虫椭圆形，浓褐色（彩图 328）。雄蛹赤褐色，长约 1.8 毫米。

彩图 326　小枝上的雌成虫介壳

彩图 327　朝鲜球坚蚧卵粒

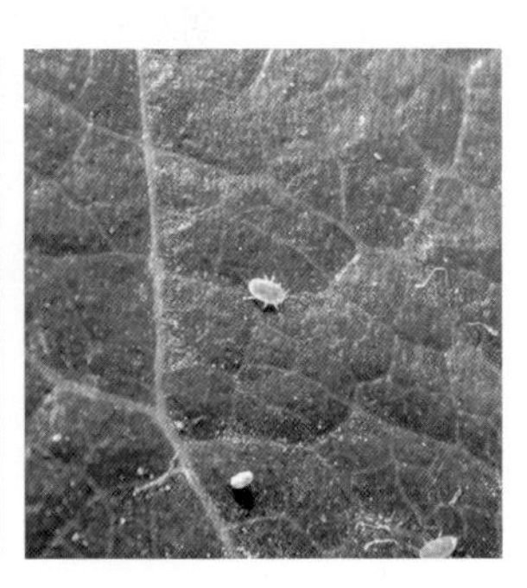

彩图 328　朝鲜球坚蚧初孵若虫

发生习性　朝鲜球坚蚧 1 年发生 1 代，以 2 龄若虫在枝上的裂缝、粗翘皮、伤口边缘等处越冬，外覆有蜡被。翌年 3 月中旬后越冬若虫开始从蜡被内爬出，寻找固定地点为害。4 月中旬前后雌雄分化，4 月下旬至 5 月上旬雄成虫羽化，之后雌雄交尾。交尾后的雌虫迅速膨大，并排泄黏液。5 月中旬前后产卵于介壳下，卵期 7 天左右。5 月下旬至 6 月上旬为孵化盛期。初孵若虫分散到小枝条、叶片和果实上为害，以 2 年生枝条上较多。越冬前蜕 1 次皮，10 月中旬后以 2 龄若虫在蜡被下于枝干粗皮裂缝处越冬。

4 月下旬至 5 月上中旬是全年的为害盛期。

防治技术

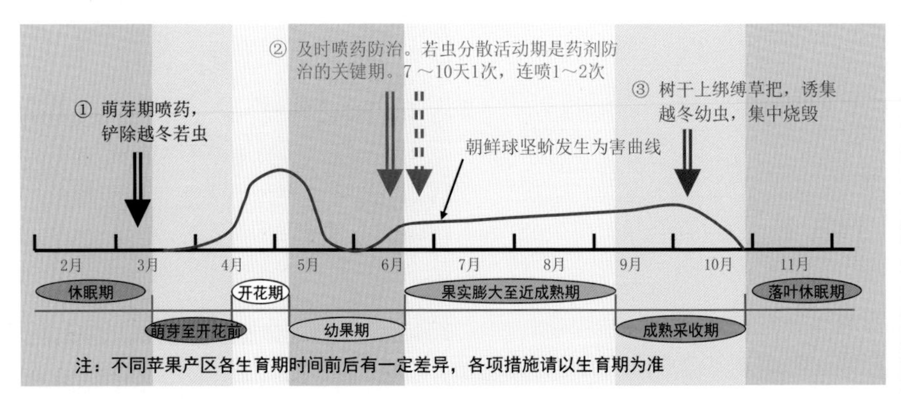

（1）**诱集越冬幼虫**　秋季在树干上绑缚诱虫带或草把，诱集越冬若虫。进入冬季后解下烧毁，消灭越冬虫源。

（2）**休眠期喷药**　在苹果萌芽期，喷施1次40%杀扑磷（高毒）乳油800～1000倍液、48%毒死蜱乳油600～800倍液、3～5波美度石硫合剂或45%石硫合剂晶体30～50倍液，铲除越冬若虫。

（3）**生长期及时喷药**　朝鲜球坚蚧发生严重果园，在初孵若虫分散后（多为6月上中旬）立即喷药，连喷1～2次即可有效控制介壳虫的发生为害。常用有效药剂有：40%杀扑磷（高毒）乳油1200～1500倍液、48%毒死蜱乳油1200～1500倍液、25%噻嗪酮（优乐得）可湿性粉剂1000～1200倍液、240克/升螺虫乙酯悬浮剂4000～5000倍液、52.25%氯氰·毒死蜱乳油1500～2000倍液、2.5%高效氯氟氰菊酯乳油1200～1500倍液、4.5%高效氯氰菊酯乳油1000～1500倍液、80%敌敌畏乳油1000～1200倍液等。杀扑磷为高毒药剂，需根据生产情况酌情选用。

草履蚧

危害特点　草履蚧又称草履硕蚧，在苹果、梨、核桃、柿、山楂、桃、李、杏、樱桃、枣等果树上均有发生，以若虫和雌成虫在枝干、枝条、根部、嫩芽、叶片及果实上刺吸汁液为害，削弱树势，影响产量和果品质量，严重时可造成枝条甚至全树枯死（彩图329～彩图331）。

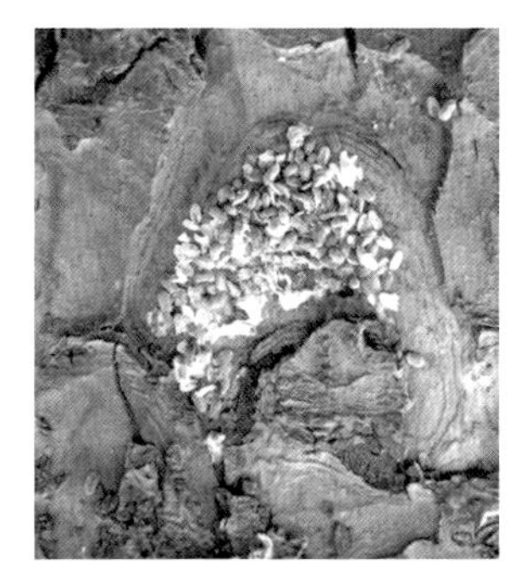

彩图329　草履蚧群集在树干翘皮下为害

彩图330　草履蚧若虫在小枝上为害

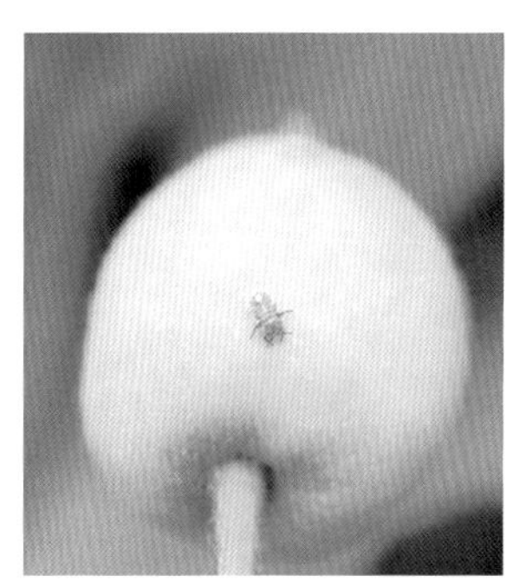

彩图331　草履蚧在幼果上为害

彩图 332　草履蚧雌成虫

彩图 333　草履蚧雄成虫

形态特征　雌成虫体长约10毫米，椭圆形，褐色至红褐色，体背有横皱和纵沟，背面隆起似鞋底状，无翅，体被细毛和白色蜡粉，口器、触角和足黑色(彩图332)。雄成虫体长5～6毫米，翅展9～11毫米，体淡红色，有翅1对，淡黑色，腹部末端有4个突起（彩图333)。卵椭圆形，长约1～1.2毫米，黑褐色，产于卵囊内。若虫与雌成虫体形相似，体小，黄褐色至褐色。

发生习性　草履蚧1年发生1代，以卵和初孵若虫在树干基部周围的土壤缝隙、砖石块下及10～12厘米土层中越冬。翌年2月下旬至3月上旬若虫出土，先集中在根部和树干的翘皮下群集吸食汁液，然后陆续上树为害嫩枝和嫩芽。虫体上分泌白色蜡粉，蜕3次皮后发育为成虫。5月上中旬出现雄成虫。雌雄交尾后，雄成虫死亡，雌成虫继续为害一段时间，至6月中下旬后下树入土，分泌白色蜡质卵囊，产卵于囊中，每囊有卵百余粒，以卵越夏、越冬。雌成虫产卵后死于土中。

防治技术

(1) **诱杀雌成虫**　在雌成虫下树产卵时，于树干基部堆放杂草，诱集草履蚧产卵，然后集中烧毁。

(2) **阻止草履蚧上树**　早春在苹果树液开始流动时，于苹果主干下部捆绑塑料裙，阻止草履蚧上树，即可基本控制草履蚧对苹果树的为害。如果树干粗翘皮较多，应轻刮粗皮后再捆绑塑料裙，以保证草履蚧不能爬行上树（彩图334)。当塑料裙下聚集虫量较多时，也可适当向塑料裙内喷药，杀死群集草履蚧。另外，也可采用在树干上涂抹粘虫胶的方法阻止草履蚧上树，但该法需要不断观察，当粘虫胶黏性下降或粘满虫体时，需及时补涂粘虫胶或清除虫体。

彩图 334　树干上捆绑塑料裙，防止草履蚧上树

（3）**适当喷药防治**　草履蚧发生为害严重果园，在萌芽期至开花前选择晴朗天气进行全树喷药防治，有效药剂同“朝鲜球坚蚧”，喷洒浓度应适当提高。

二斑叶螨

危害特点　二斑叶螨俗称“白蜘蛛”，在苹果、梨、枣、桃、李、杏、樱桃等果树上均有发生，以幼螨、若螨、成螨刺吸汁液为害。为害初期害螨多聚集在叶背主脉两侧，受害叶片正面初期表现叶脉附近产生许多细小失绿斑痕，之后叶面逐渐失绿呈苍灰绿色，叶背渐变褐色，叶片硬而脆。螨口密度大时，叶面上结薄层白色丝网，或在新梢顶端和叶尖群聚成“虫球”，严重时造成大量落叶（彩图 335、彩图 336）。

彩图 335　二斑叶螨结网为害状

彩图 336　二斑叶螨为害状放大

形态特征 雌成螨椭圆形，体长0.42～0.59毫米，体背有刚毛26根，排成6横排；生长季节为白色、黄白色，体背两侧各具1块黑色长斑，取食后呈浓绿色至褐绿色；密度大时或种群迁移前体色变为橙黄色；在生长季节没有红色个体出现；滞育型体呈淡红色，体侧无斑（彩图337）。雄成螨体长0.26毫米，近卵圆形，前端近圆形，腹末较尖，多呈绿色（彩图338）。卵球形，直径0.13毫米，光滑，初产时乳白色，渐变橙黄色，近孵化时出现红色眼点（彩图339）。幼螨初孵时近圆形，体长0.15毫米，白色，取食后变暗绿色，眼红色，足3对（彩图340）。前期若螨体长0.21毫米，近卵圆形，足4对，色变深，体背出现色斑；后期若螨体长0.36毫米，与成螨相似。

发生习性 二斑叶螨在北方果区1年发生12～15代，南方果区发生20代以上，在北方果区主要以受精的雌成螨在老翘皮下、树皮裂缝中、土壤缝隙内、枯枝落叶下及宿根性杂草的根际处吐丝结网潜伏越冬。翌年3月平均温度达10℃左右时（果树萌芽期），越冬雌成螨开始出蛰活动，先在树下的早春杂草寄主上取食、为害、产卵繁殖。卵期10余天。成螨开始产卵至第1代幼螨孵化盛期约需20～30天，以后世代重叠。5月上旬后陆续迁移到树上为害。由于前期温度较低，5月份一般不会造成严重发生。随气温升高，其繁殖速度加快，在6月上中旬进入全年的猖獗为害期，7月上中旬进入高峰期。二斑叶螨猖獗发生期持续时间较长，一般年份可持续到8月中旬前后。10月后陆续出现滞育个体，但此时如温度超出25℃，滞育个体仍可恢复取食，体色由滞育型的红色再变回到黄绿色，进入11月后均滞育越冬。

彩图337 二斑叶螨雌成螨

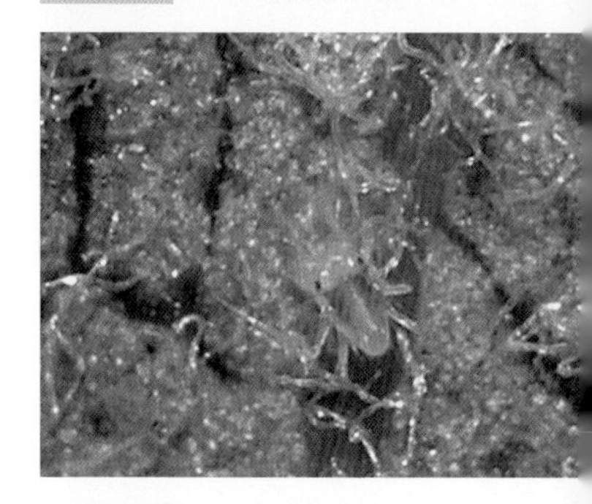

彩图338 二斑叶螨雄成螨

彩图339 二斑叶螨卵

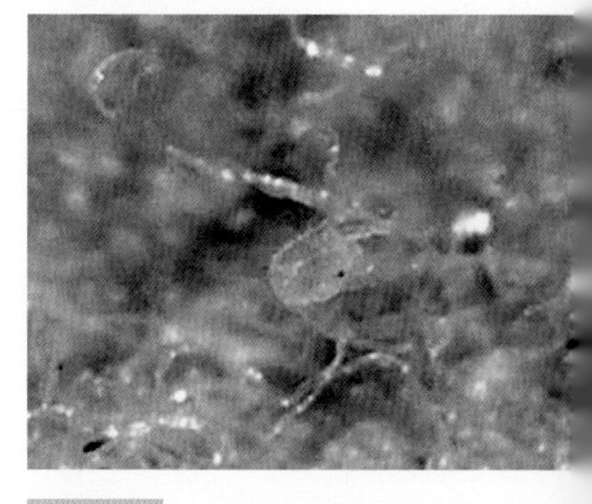

彩图340 二斑叶螨幼螨

防治技术

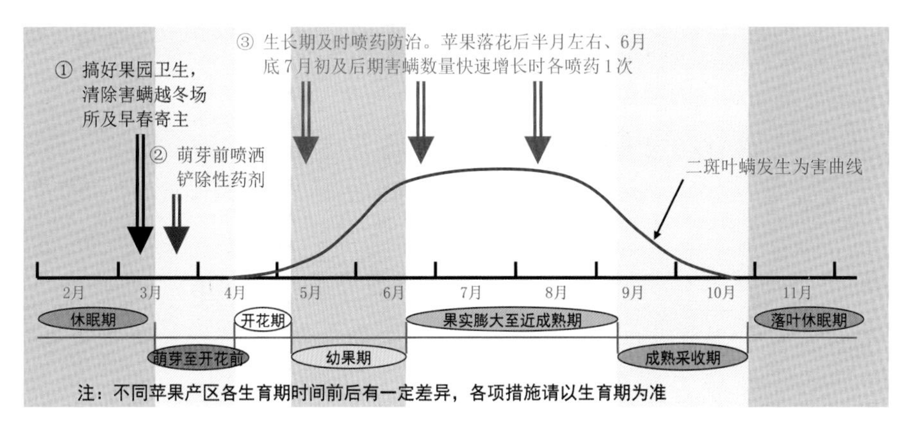

（1）**处理害螨越冬场所及早春寄主**　苹果萌芽前（越冬雌成螨出蛰前），仔细刮除树干上的老皮、粗皮、翘皮，清除果园内的枯枝落叶和杂草，集中深埋或烧毁，消灭害螨越冬场所，铲除越冬雌成螨。春季及时中耕除草，特别要清除园内阔叶杂草，及时剪除根蘖苗，消灭其上的二斑叶螨。

（2）**萌芽前喷洒铲除性药剂**　苹果树芽萌动至发芽前，全园喷施1次3～5波美度石硫合剂或45%石硫合剂晶体50～60倍液，连同果园内地面一同喷洒，杀灭树上、树下的越冬及早春害螨。

（3）**生长期药剂防治**　苹果落花后半月内（害螨上树为害初期）是药剂防治二斑叶螨的第一关键期，6月底至7月初（害螨从树冠内膛向外围扩散初期）是药剂防治的第二关键期，需各喷药1次，以后在害螨数量快速增长时（平均每叶活动态螨达7～8头时）再喷药1次，即可控制害螨的全年为害。常用有效药剂有：5%噻螨酮（尼索朗）乳油或可湿性粉剂1200～1500倍液、1.8%阿维菌素（富农）乳油2500～3000倍液、20%三唑锡悬浮剂1200～1500倍液、500克/升溴螨酯乳油1500～2000倍液、240克/升螺螨酯悬浮剂4000～5000倍液、5%唑螨酯乳油1500～2000倍液、15%哒螨灵乳油1500～2000倍液、20%四螨嗪可湿性粉剂1500～2000倍液、73%炔螨特乳油2000～3000倍液、20%甲氰菊酯乳油1500～2000倍液等。喷药时，必须均匀周到，使内膛、外围枝叶均要着药，淋洗式喷雾效果最好；若在药液中混加有机硅类等农药助剂，杀螨效果更好。

（4）**生物防治**　药剂防治害螨时应注意保护天敌，以充分发挥天敌的自然控制作用。二斑叶螨的天敌有30多种，如深点食螨瓢虫、食螨瓢虫、暗小花蝽、草蛉、塔六点蓟马、小黑隐翅虫、盲蝽、拟长毛钝绥螨、东方钝绥螨、芬兰钝绥螨、藻菌、白僵菌等。深点食螨瓢虫幼虫期每头可捕食二斑叶螨 200 ～ 800 头，藻菌能使二斑叶螨致死率达 80%～ 85%，白僵菌能使二斑叶螨致死率达 85.9%～ 100%等。

山楂叶螨

危害特征 山楂叶螨又称山楂红蜘蛛，俗称“红蜘蛛”，在苹果、梨、桃、李、杏、樱桃、枣、核桃、山楂等果树上均有发生，均以雌成螨、若螨、幼螨刺吸汁液为害，以叶片上发生为害最重，嫩芽、花器及幼果上也可发生。叶片受害，多在叶背基部的主脉两侧出现黄白色褪绿斑点，螨量多时全叶呈苍白色，易变黄枯焦；严重时在叶片背面甚至正面吐丝拉网，叶片呈红褐色，似火烧状，易引起早期落叶（彩图 341 ～彩图 343）。常造成二次发芽开花，削弱树势。果实受害，幼果期受害状多不明显，近成熟果受害严重时常诱使杂菌感染而导致果实腐烂（彩图 344）。

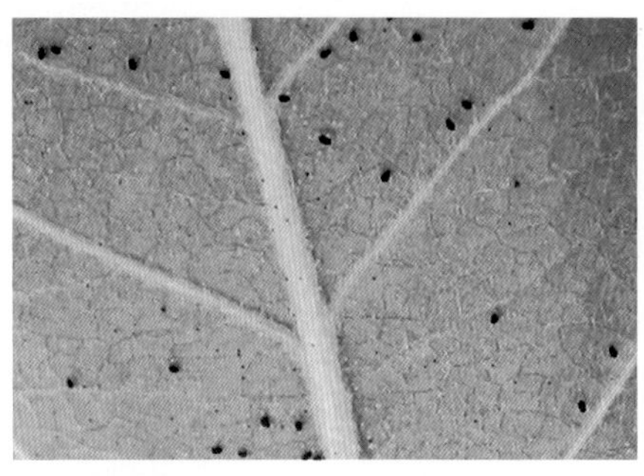

彩图 341 山楂叶螨在叶背面为害状

彩图 342 山楂叶螨吐丝结网为害状

彩图 343 山楂叶螨为害严重时导致叶片似火烧状

彩图 344 山楂叶螨在果实上为害，导致果实腐烂

形态特征　雌成螨卵圆形，体长 0.54 ～ 0.59 毫米，4 对足；初蜕皮时红色，取食后变为暗红色；冬型鲜红色，夏型暗红色（彩图 345）。雄成螨纺锤形，体长 0.35 ～ 0.45 毫米，体末端尖削，蜕皮初期浅黄色，渐变绿色，后期呈淡橙黄色，体背两侧有黑绿色斑纹（彩图 346）。卵圆球形，春季卵呈橙黄色，夏季卵呈黄白色（彩图 347）。初孵幼螨体圆形、黄白色，取食后为淡绿色，3 对足。若螨 4 对足，前期若螨体背开始出现刚毛，两侧有明显墨绿色斑，后期若螨体较大，体形似成螨（彩图 348）。

彩图 347　山楂叶螨卵

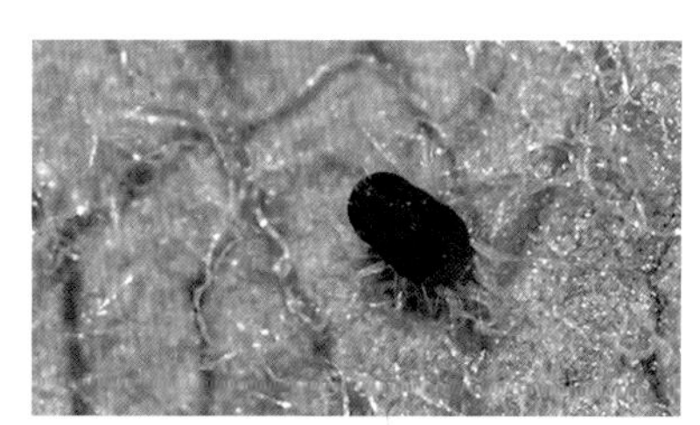

彩图 345　山楂叶螨雌成螨

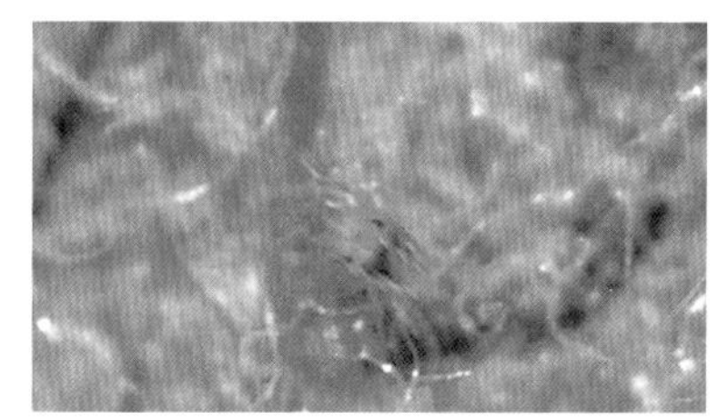

彩图 346　山楂叶螨雄成螨

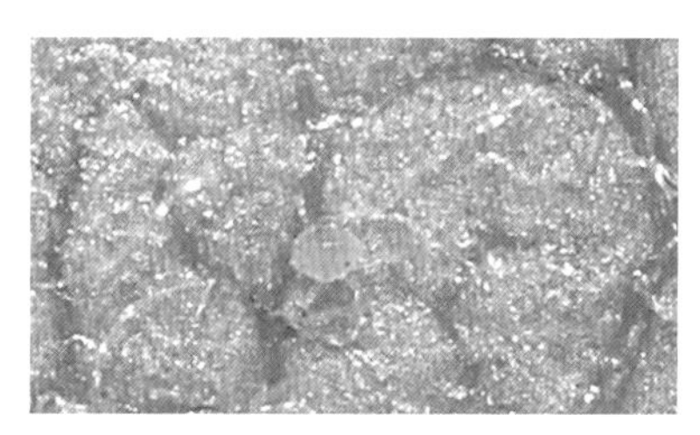

彩图 348　山楂叶螨若螨

发生习性　山楂叶螨在北方果区 1 年发生 6 ～ 10 代，以受精雌成螨在主干、主枝和侧枝的翘皮下、裂缝内、根颈周围土缝内、落叶下及杂草根部越冬。第二年苹果花芽膨大时开始出蛰危害，花序分离期为出蛰盛期，整个出蛰期达 40 余天。成螨取食 7 ～ 8 天后开始产卵，苹果盛花前后是产卵高峰期，落花后 7 ～ 10 天产卵结束，卵期 8 ～ 10 天。落花后 7 ～ 8 天达卵孵化盛期，同时有成螨出现，以后世代重叠。5 月上旬以前螨口密度较低，6 月份成倍增长，到 7 月份达全年发生高峰，从 8 月上旬开始，由于雨水较多，加之天敌对其的控制作用，山楂叶螨繁殖受到限制，螨量开始减少。9 ～ 10 月开始出现受精雌成螨越冬。高温干旱条件下有利于山楂叶螨的发生为害。成螨有吐丝结网习性，卵多产于叶背主脉两侧和丝网上。螨量大时，成螨顺丝下垂，随风飘荡，进行传播。

防治技术

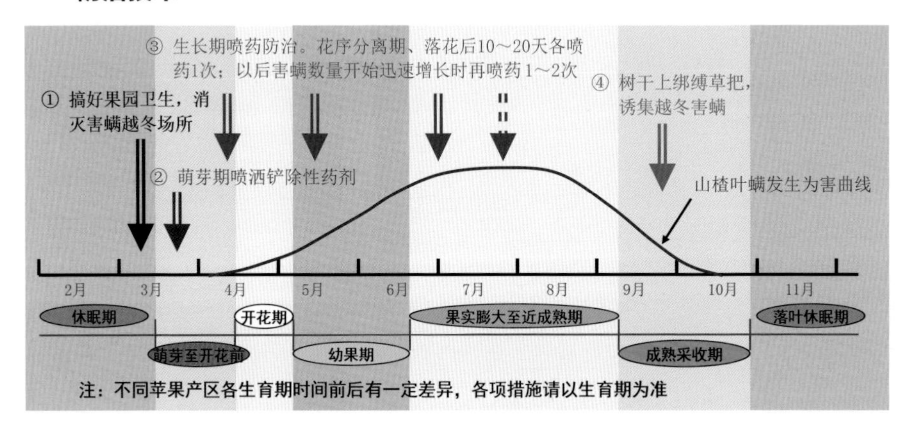

（1）**处理害螨越冬场所**　首先在害螨越冬前于树干上绑缚草把，诱集越冬雌成螨，待进入初冬后解下草把集中烧毁。其次，在苹果萌芽前彻底刮除枝干粗皮、老皮、翘皮，清除园内枯枝、落叶、杂草，集中烧毁，消灭害螨越冬场所。

（2）**萌芽期喷洒铲除性药剂**　苹果萌芽前（最好在刮除粗翘皮后），全园喷施 1 次 3 ～ 5 波美度石硫合剂或 45%石硫合剂晶体 50 ～ 60 倍液，杀灭树上残余的越冬雌成螨。喷药应均匀周到，淋洗式喷雾效果最好。

（3）**生长期喷药防治**　苹果发芽后至花序分离期是防治越冬雌成螨的关键期，苹果落花后 10 天左右至 20 天左右是喷药防治第 1 代幼螨、若螨的关键期；以后在害螨发生数量快速增长初期进行喷药，还需喷药 1 ～ 2 次，间隔期 1 个月左右。常用有效药剂及喷药技术同“二斑叶螨”。

（4）**生物防治**　药剂防治山楂叶螨时，注意保护和利用天敌资源，山楂叶螨的自然天敌主要有：深点食螨瓢虫、束管食螨瓢虫、陕西食螨瓢虫、小黑瓢虫、深点颏瓢虫、小黑花蝽、塔六点蓟马、中华草蛉、晋草蛉、丽草蛉、东方钝绥螨、普通盲走螨、拟长毛钝绥螨、食卵蚩螨、西北盲走螨、植缨螨等。有条件的果园时，也可释放人工饲养的捕食螨。

苹果全爪螨

危害特点　苹果全爪螨又称苹果红蜘蛛，俗称“红蜘蛛”，在苹果、梨、桃、李、杏、樱桃、山楂、核桃等果树上均有发生，均以幼螨、若螨和成螨刺吸为害叶片为主。初期叶片正面产生许多失绿斑点，后呈灰白色；严重时，叶片呈黄褐色，表面布满螨蜕，远看呈一片苍灰色，但不引起落叶（彩图 349）。另外，该螨还可为害嫩芽与花器，严重时造成嫩芽不能正常萌发，花器扭曲变形。

彩图 349　苹果全爪螨在叶片上的为害状

形态特征　雌成螨椭圆形，体长 0.34 ～ 0.45 毫米，宽约 0.29 毫米，背部隆起，体深红色，体表有横皱纹，体背有粗而长的 13 对刚毛着生在黄白色瘤状突起上；足 4 对，黄白色，各足爪间突具坚爪（彩图 350）。雄成螨体略小，长约 0.28 毫米，初脱皮时浅橘黄色，取食后为深橘红色，眼红色，腹末较尖削，其他特征同雌成螨（彩图 351）。卵葱头形，圆形稍扁，顶端生有 1 根短毛，卵面密布纵纹；越冬卵深红色，夏卵橘黄色（彩图 352、彩图 353）。幼螨近圆形，足 3 对，体毛明显；冬卵孵化的幼螨淡橘红色，取食后变暗红色；夏卵孵化的幼螨呈浅黄色，后渐变为橘红色或暗绿色（彩图 354）。若螨足 4 对，前期体色比幼螨深，后期可辨别雌、雄，雄螨体末尖削。

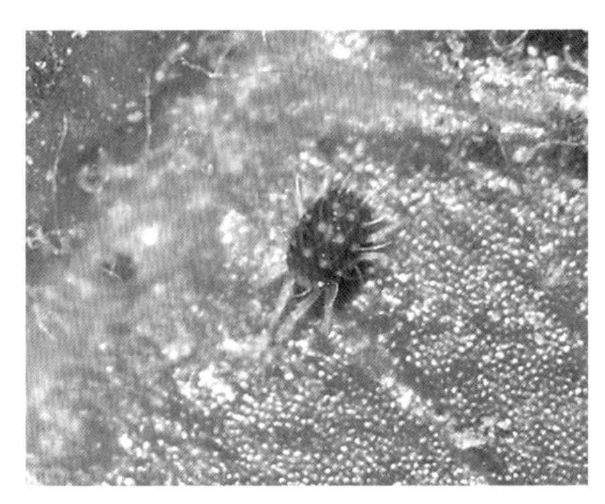

彩图 350　苹果全爪螨雌成螨

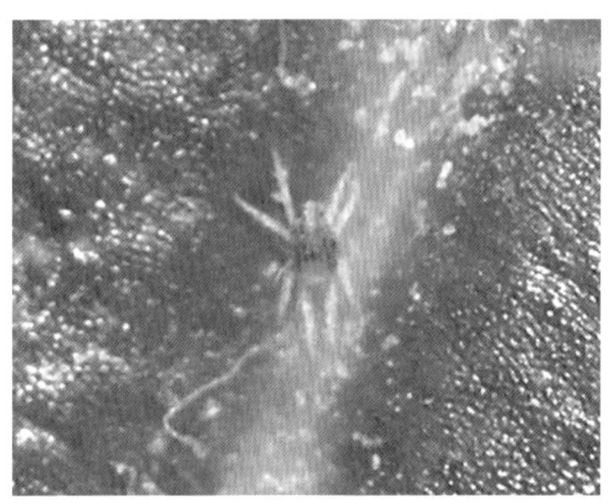

彩图 351　苹果全爪螨雄成螨

彩图 352　苹果全爪螨枝上越冬卵

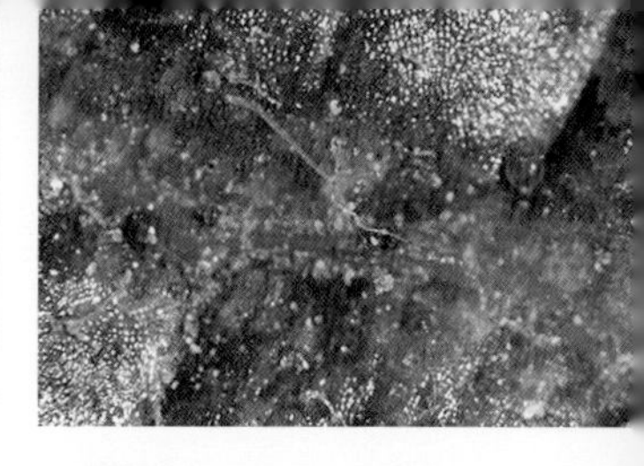

彩图 353　苹果全爪螨夏卵

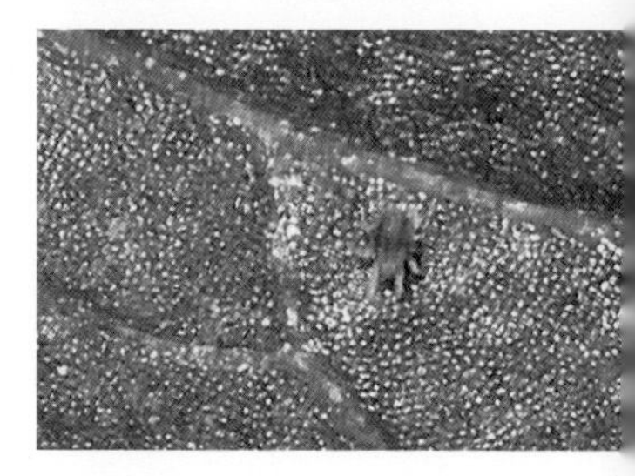

彩图 354　苹果全爪螨幼螨

发生习性　苹果全爪螨在北方果区 1 年发生 6 ～ 8 代，以卵在短果枝、果薹基部、多年生枝条的分杈处、一二年生枝条的交接处、叶痕、芽痕及粗皮等处越冬。发生严重时，主枝及侧枝的背面、果实萼洼处均可见到越冬卵。翌年苹果花蕾膨大时越冬卵开始孵化，晚熟品种盛花期为孵化盛期、终花期为孵化末期。初孵幼螨先在嫩叶和花器上为害，后逐渐向全树扩散蔓延。5 月上中旬出现第 1 代成螨，5 月中旬末至下旬为成螨发生盛期，并交尾产卵繁殖。卵期夏季 6 ～ 7 天，春秋季 9 ～ 10　天。完成 1 代平均为 10 ～ 14 天。从第 2 代后开始出现世代重叠。7 ～ 8 月份进入为害盛期，8 月下旬至 9 月上旬出现越冬卵，9 月下旬进入越冬卵产卵高峰。

幼螨、若螨、雄螨多在叶背面取食活动，雌螨多在叶正面取食为害，成螨较活泼，爬行迅速，夏卵多产在叶正面主脉凹陷处和叶背主脉附近，很少吐丝拉网。

防治技术

（1）**萌芽期喷药，铲除越冬螨卵**　苹果萌芽期，全园喷施 1 次 3 ～ 5 波美度石硫合剂或 45%石硫合剂晶体 50 ～ 60 倍液，杀灭树上越冬螨卵。

（2）**生长期喷药防治**　一般果园，苹果落花后 3 ～ 5 天是生长期药剂防治的第一关键期，需喷药 1 次；以后在害螨数量快速增长初期再喷药 1 次，即可有效控制苹果全爪螨的全年为害。上年为害严重果园（越冬螨卵数量较大），可在花序分离期喷施 1 次对螨卵和幼螨效果较好的药剂，如 5%噻螨酮（尼索朗）乳油或可湿性粉剂 1000 ～ 1500 倍液等，避免造成严重为害。其他有效药剂及喷药技术同“二斑叶螨”。

梨星毛虫

彩图355 梨星毛虫为害，缀叶成饺子状

危害特点 梨星毛虫又称梨叶斑蛾，俗称“饺子虫”，在苹果、梨、海棠等仁果类果树上均有发生，主要以幼虫为害叶片，也可为害芽和幼果。叶片受害，幼虫在叶片上吐丝，将叶缘两边向正面缀连成饺子状的叶苞，幼虫在叶苞内啃食叶肉，残留网状叶脉和下表皮，受害叶变黄、枯萎、凋落（彩图355）；夏季幼虫多不包叶，在叶背取食叶肉，被害叶呈油纸状。早春幼龄幼虫还可蛀入芽内为害，使芽不能正常萌发，或钻入花苞内为害，流出黏液，不能正常开花、坐果。另外，幼虫还可啃食幼果表皮，在果面上形成米粒大小浅凹，或在果面上钻蛀成小洞。

形态特征 成虫体长9～12毫米，翅展20～30毫米，体黑褐色；雌蛾触角锯齿状，雄蛾触角羽毛状；翅黑褐色，半透明，翅缘颜色较深，翅面有细短毛（彩图356）。卵扁椭圆形，长0.7毫米，初产时乳白色，近孵化时黄褐色，几十粒或百余粒排列成块状。老熟幼虫体长15～20毫米，黄白色，纺锤形，体背中央有一黑色纵线，从中胸到腹部第8节背面两侧各有一圆形黑斑，每节背侧还有星状毛瘤6个（彩图357）。蛹纺锤形，长11～14毫米，初淡黄色，后变黑褐色。

彩图356 梨星毛虫成虫

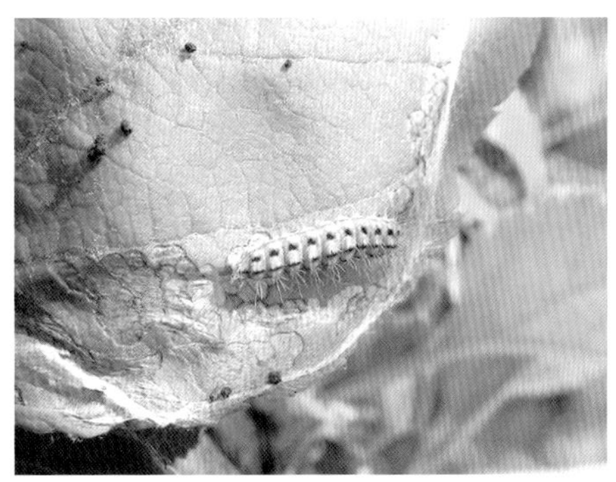

彩图357 梨星毛虫幼虫

发生习性　梨星毛虫1年发生1～2代，均以2～3龄幼虫在树皮缝、翘皮下及树干周围的土中结茧越冬。翌年果树发芽时，逐渐出蛰为害，首先为害幼芽、花蕾，然后转移至叶片上为害；展叶后幼虫吐丝缀叶呈饺子状，潜伏叶苞内为害。1头幼虫可转移为害6～8张叶片。5月上中旬进入为害盛期，5月下旬幼虫逐渐老熟，之后在包叶内结茧化蛹，蛹期约10天。成虫白天静伏，晚上交配产卵，卵多产于叶背面呈不规则块状，卵期7～8天。1代发生区6月下旬至7月下旬出现夏季幼虫；2代发生区，6月份出现第1代幼虫，8月中下旬开始出现第2代幼虫。为害至2～3龄时开始寻找适宜场所结茧越冬。

防治技术

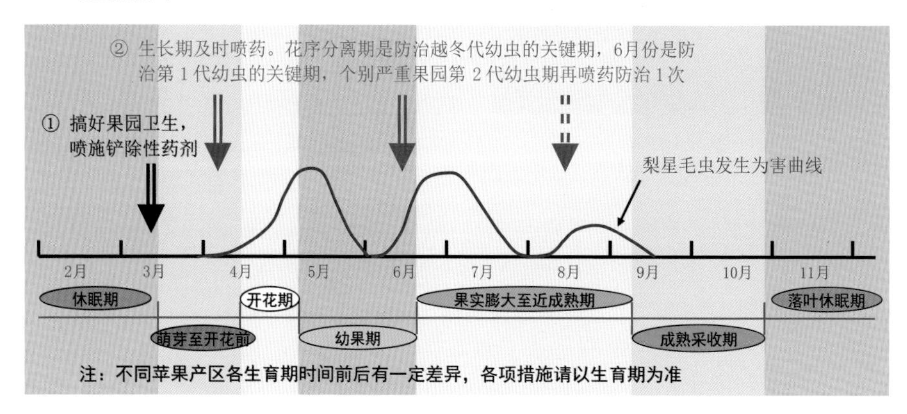

（1）**休眠期防治**　萌芽前刮除枝干粗皮、翘皮，破坏害虫越冬场所；之后喷施3～5波美度石硫合剂或45%石硫合剂晶体50～70倍液，铲除树上残余害虫。

（2）**摘除虫苞**　结合疏花、疏果，及时摘除虫苞，集中销毁。

（3）**生长期喷药防治**　苹果萌芽后至开花前，是喷药防治越冬代幼虫的关键期，喷药1次即可。2代发生区，6月份幼虫为害量大时，应再喷药1次；个别果园在8月中下旬第2代幼虫发生期还需喷药1次。常用有效药剂有：25%灭幼脲悬浮剂1500～2000倍液、1.8%阿维菌素乳油3000～4000倍液、1%甲氨基阿维菌素苯甲酸盐微乳剂2000～2500倍液、35%氯虫苯甲酰胺水分散粒剂10000～15000倍液、20%氟苯虫酰胺水分散粒剂2500～3000倍液、240克/升甲氧虫酰肼悬浮剂2000～2500倍液、25%除虫脲可湿性粉剂1200～1500倍液、48%毒死蜱乳油或微乳剂1500～2000倍液、4.5%高效氯氰菊酯乳油或水乳剂1500～2000倍液、2.5%高效氯氟氰菊酯乳油1500～2000倍液、2.5%溴氰菊酯乳油1500～2000倍液等。

梨网蝽

危害特点　梨网蝽又称梨冠网蝽、梨花蝽，俗称“军配虫”，在苹果、梨、桃、李、杏、樱桃等多种果树上均有发生，主要以成虫、若虫在叶片背面刺吸汁液为害。受害叶片正面产生黄白色小点，虫量大时斑点蔓延连片，导致叶片苍白；严重时叶片变褐，容易脱落。其分泌物和排泄物使叶背呈现黄褐色锈斑，易引起霉污（彩图358、彩图359）。

形态特征　成虫体长3.3～3.5毫米，黑褐色，前胸发达，向后延伸盖于小盾片之上，前胸背板两侧有两片圆形环状突起，呈翼状，背部和前翅布有网状花纹；前翅略呈长方形，以两翅中间结合处的“X”纹最明显，两前翅静止时重叠于背部（彩图360）。卵长椭圆形，有孔口的一端弯曲，呈“睡瓶”状，长约0.6毫米。若虫初孵时白色，渐变淡绿色，最后成深褐色，形似成虫，3龄后在身体两侧长出翅芽，头、胸及腹部各节两侧有刺状突起（彩图361）。

彩图358　受梨网蝽为害的苹果叶片正面

彩图359　受梨网蝽为害的苹果叶片背面

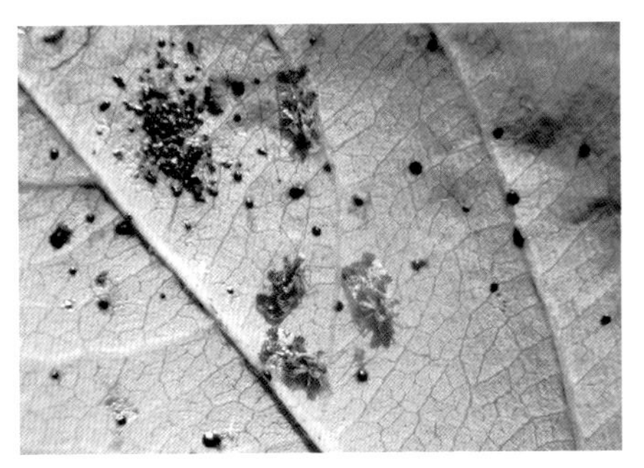

彩图360　梨网蝽成虫

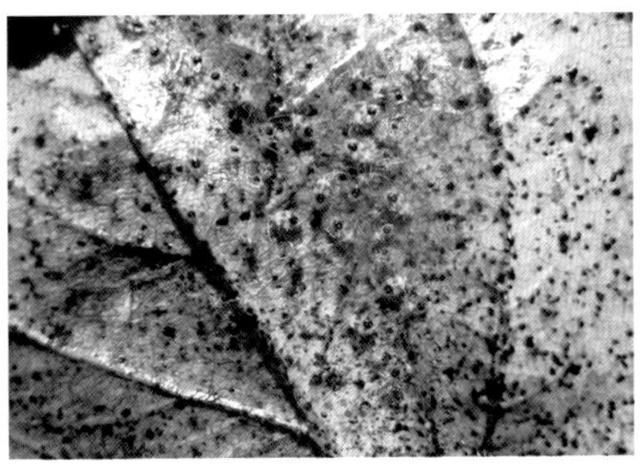

彩图361　梨网蝽若虫

发生习性 梨网蝽1年发生3～4代，以成虫在落叶下、树皮裂缝、土壤缝隙、果园杂草及果园周围的灌木丛中越冬。苹果发芽时越冬成虫开始出蛰，苹果落花期为出蛰盛期，但出蛰很不整齐，6月份后世代重叠。成虫出蛰后先在树冠下部的叶片上取食，以后逐渐向上部扩散为害。卵产于叶背叶脉两侧的叶肉内，卵期约15天。初孵若虫活动性不强，2龄以后开始分散。成虫、若虫均群集于叶背主脉附近取食为害。高温干旱有利于梨网蝽繁殖为害，7～8月份是该虫为害盛期。9月上中旬后成虫开始越冬。

防治技术

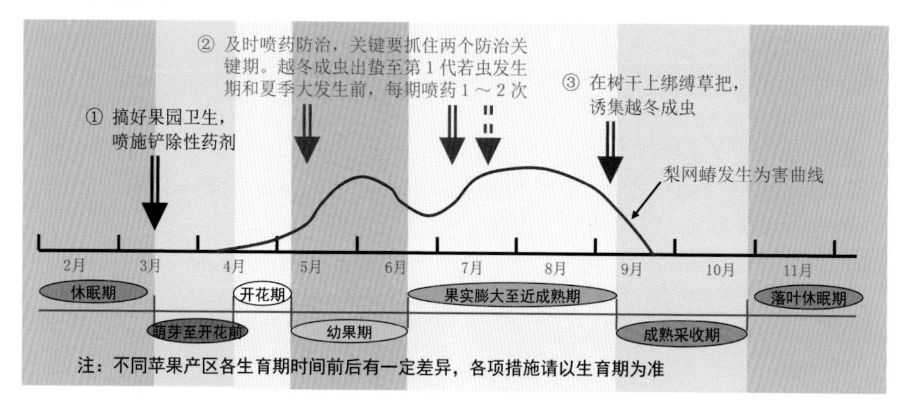

（1）**诱集越冬成虫** 从9月份开始，在树干上绑缚草把，诱集成虫越冬，入冬后解下草把烧毁，消灭越冬成虫。

（2）**搞好果园卫生，消灭越冬虫源** 发芽前，彻底清除枯枝、落叶、杂草，刮除树干老皮、粗皮、翘皮，并集中烧毁。然后在萌芽初期全园喷施1次3～5波美度石硫合剂或45%石硫合剂晶体50～70倍液，杀灭树上越冬成虫。

（3）**生长期喷药防治** 关键要抓住两个防治时期：一是越冬成虫出蛰至第1代若虫发生期（落花后10天左右）；二是夏季大发生前。每期喷药1～2次即可。常用有效药剂有：48%毒死蜱乳油1200～1500倍液、40%毒死蜱可湿性粉剂1000～1500倍液、52.25%氯氰·毒死蜱乳油1500～2000倍液、5%高效氯氟氰菊酯乳油3000～4000倍液、4.5%高效氯氰菊酯乳油或水乳剂1500～2000倍液、20%甲氰菊酯乳油1500～2000倍液、1.8%阿维菌素（富农）乳油2500～3000倍液、2%甲氨基阿维菌素苯甲酸盐微乳剂4000～5000倍液、5%啶虫脒乳油2000～2500倍液、70%吡虫啉水分散粒剂8000～10000倍液、350克/升吡虫啉（连胜）悬浮剂4000～5000倍液、90%灭多威可溶性粉剂3000～4000倍液等。喷药时，重点喷洒叶片背面；若在药液中混加有机硅类等农药助剂，可显著提高杀虫效果。

绿盲蝽

危害特点 绿盲蝽俗称“盲蝽象”，在苹果、梨、枣、葡萄、核桃、柿、桃、李、杏、樱桃等多种果树及棉花、玉米、杂草等许多种植物上均有发生，主要以成虫和若虫刺吸幼嫩组织汁液进行为害，以叶片受害最重。嫩叶受害，首先出现许多深褐色小点，后变褐色至黄褐色，随叶片生长逐渐发展成破裂穿孔状，穿孔多不规则，严重时似“破叶窗”（彩图 362）。幼果也可受害，在果面上形成以刺吸伤口为中心的近圆形灰白色斑块，影响果品质量（彩图 363）。

形态特征 成虫长卵圆形，长约 5 毫米，宽约 2.5 毫米，黄绿色或浅绿色；头部略呈三角形，黄绿色，复眼突出、黑褐色；触角 4 节，短于体长，第 2 节为第 3、4 节之和；前胸背板深绿色，有许多黑色小点，与头相连处有 1 个领状的脊棱；小盾片黄绿色，三角形；前翅基部革质，绿色，端部膜质，半透明，灰色；腹面绿色，由两侧向中央微隆起（彩图 364）。卵长形稍弯曲，长约 1.4 毫米，绿色，有瓶口状卵盖。若虫 5 龄，与成虫体相似，绿色或黄绿色，单眼桃红色，3 龄后出现翅芽，翅芽端部黑色（彩图 365）。

彩图 362 绿盲蝽在嫩叶上的为害状

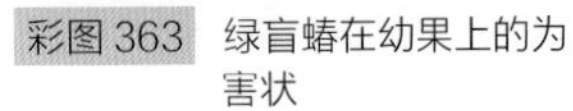

彩图 363　绿盲蝽在幼果上的为害状

彩图 364　绿盲蝽成虫

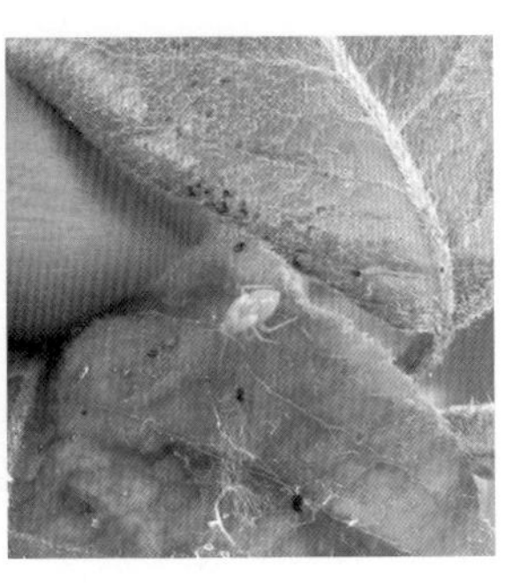

彩图 365　绿盲蝽若虫

发生习性　绿盲蝽 1 年发生 4 ～ 5 代，以卵在果树枝条的芽鳞内及其他寄主植物上越冬。翌年果树发芽时开始孵化，初孵若虫在嫩芽及嫩叶上刺吸为害。约在 5 月上中旬出现第 1 代成虫，成虫寿命长，产卵期持续 35 天左右。第 1 代发生相对整齐，第 2 ～ 5 代世代重叠严重。第 1 代为害盛期在 5 月上旬左右，第 2 代为害盛期在 6 月上旬左右。苹果树上以第 1、2 代为害较重，第 3 ～ 5 代为害较轻。若虫、成虫多白天潜伏，清晨和傍晚在芽及嫩梢上为害。成虫善于飞翔和跳跃，若虫爬行迅速，稍受惊动立即逃逸，不易被发现。该虫主要为害幼嫩组织，叶片稍老化后即不再受害。绿盲蝽食性很杂，为害范围非常广泛，当果树嫩梢基本停止生长后，则转移到其他寄主植物上为害。秋季，部分成虫又回到果树上产卵越冬。

防治技术

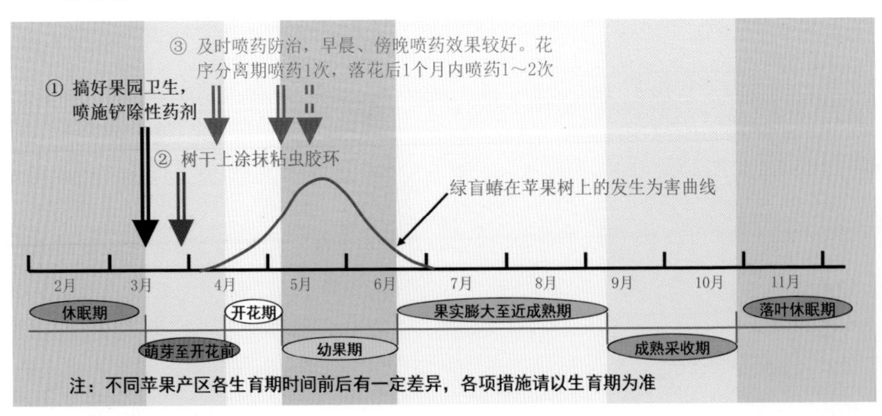

（1）**加强果园管理**　杂草上是绿盲蝽越冬的重要场所之一。因此，发芽前彻底清除果园内杂草，集中烧毁或深埋，可有效减少绿盲蝽越冬虫量。发芽前，在树干上涂抹粘虫胶环，阻止绿盲蝽爬行上树及粘杀绿盲蝽若虫。

（2）**发芽前喷施铲除性药剂，杀灭越冬虫卵** 结合其他害虫防治，在苹果发芽前全园喷施1次3～5波美度石硫合剂或45%石硫合剂晶体50～70倍液，杀灭树上越冬虫卵。淋洗式喷雾效果较好。

（3）**生长期及时喷药防治** 花序分离期是喷药防治绿盲蝽的第一重点期，落花后1个月内是喷药防治绿盲蝽的第二重点期。具体喷药次数根据往年绿盲蝽发生为害轻重及当年嫩芽受害情况或园内虫量多少确定，一般果园开花前喷药1次、落花后喷药1～2次即可，间隔期7～10天。根据绿盲蝽活动特点，以早、晚喷药效果较好。防治效果较好的药剂有：48%毒死蜱乳油或40%可湿性粉剂1200～1500倍液、10%吡虫啉可湿性粉剂1200～1500倍液、70%吡虫啉水分散粒剂8000～10000倍液、350克/升连胜（吡虫啉）悬浮剂5000～6000倍液、5%莫比朗（啶虫脒）乳油2000～2500倍液、25%吡蚜酮可湿性粉剂2000～2500倍液、4.5%高效氯氰菊酯乳油或水乳剂1500～2000倍液、5%高效氯氟氰菊酯乳油3000～4000倍液、52.25%氯氰·毒死蜱乳油1500～2000倍液等。

苹果小卷叶蛾

危害特点 苹果小卷叶蛾又称苹小卷叶蛾、棉褐带卷蛾，俗称“苹果卷叶蛾”，在苹果、梨、桃、李、杏、山楂、樱桃等果树上均有发生，均以幼虫为害叶片和果实。为害叶片时，幼虫吐丝把几个叶片连缀在一起，从中取食为害，将叶片吃成缺刻、孔洞或网状，以新叶受害严重（彩图366）。为害果实时，在果实表面舔食出许多不规则的小坑洼，严重时坑洼连片，尤以叶果相贴和两果接触部位最易受害（彩图367）。

彩图366 苹果小卷叶蛾为害叶片状

彩图367 苹果小卷叶蛾为害果实状

形态特征 成虫体长6～8毫米，翅展15～20毫米，体黄褐色；触角丝状，下唇须明显前伸；前翅淡棕色或黄褐色，前缘向后缘和外缘角有2条浓褐色斜纹，其中1条自前缘向后缘达到翅中央部分时明显加宽，外侧的1条较内侧的细；前翅后缘肩角处及前缘近顶角处各有一小的褐色纹（彩图368）。卵扁平椭圆形，淡黄色半透明，数十粒排成鱼鳞状卵块（彩图369）。老熟幼虫体长13～17毫米，身体细长，头和前胸背板淡黄色，幼龄时淡绿色，老龄时翠绿色，腹部末端有臀栉6～8根（彩图370）。蛹黄褐色，长9～11毫米，腹部背面每节有刺突两排，下面一排小而密，尾端有8根钩状刺毛（彩图371、彩图372）。

彩图368 苹果小卷叶蛾成虫

彩图369 苹果小卷叶蛾卵块

彩图370 苹果小卷叶蛾幼虫

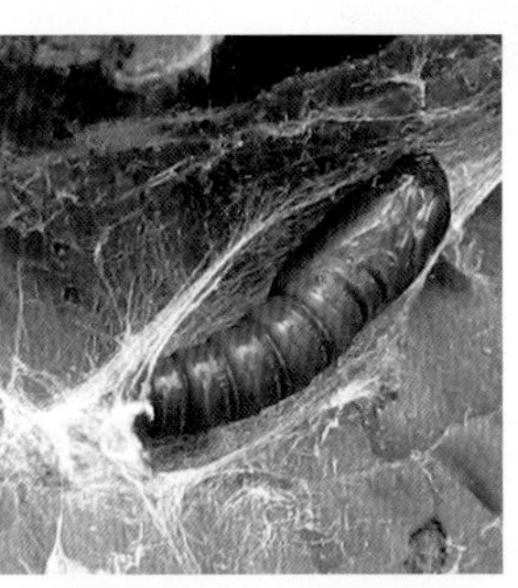

彩图371 苹果小卷叶蛾蛹

彩图372 苹果小卷叶蛾蛹壳

发生习性 苹果小卷叶蛾1年发生3～4代，以2龄幼虫结白色薄茧潜伏在树皮裂缝、老翘皮下、剪锯口周围死皮内等处越冬。翌年苹果萌芽后开始出蛰为害，盛花期是幼虫出蛰盛期，前后持续1个月，盛花后是全年防治的第一个关键期。出蛰幼虫首先爬到新梢上为害幼芽、幼叶、花蕾和嫩梢，展叶后吐丝缀叶成“虫包”，幼虫在“虫包”内取食为害。幼虫非常活泼，有转移为害习性，稍受惊动，即吐丝下垂随风飘动转移。幼虫老熟后在卷叶内化蛹，蛹期6～9天。成虫羽化后1～2天即可交尾、产卵，每雌蛾产卵百余粒，卵期6～8天。幼虫期15～20天。华北果区6月上旬左右为越冬代成虫发生盛期，6月中旬前后为第1代幼虫初孵盛期（也是全年防治的第二个关键期），第1代成虫发生期在7月中下旬，第2代幼虫发生期在8月份，第3代幼虫发生期多从9月中下旬开始发生。

第1代主要为害叶片，第2、3代既可为害叶片，也可为害果实。成虫昼伏夜出，有趋光性，对糖醋液、果汁及果醋趋性很强。

防治技术

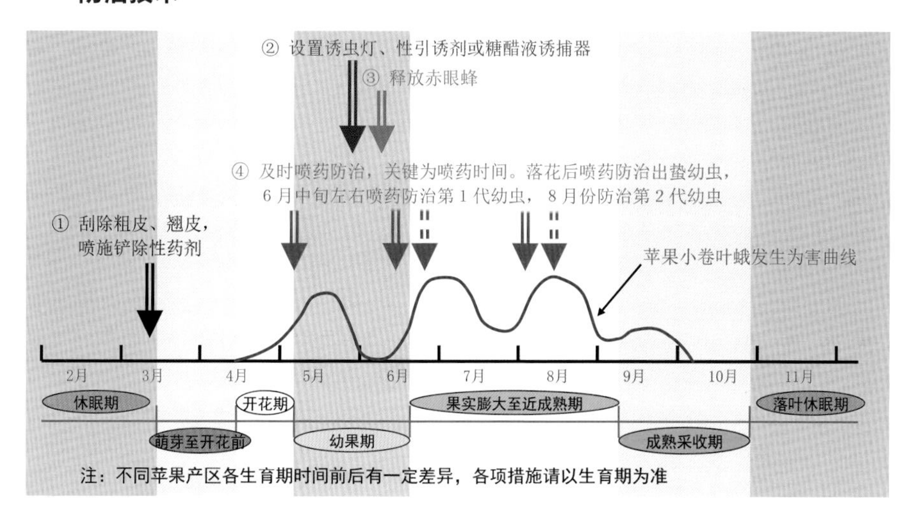

（1）**农业防治**　萌芽前刮除枝干粗皮、翘皮，破坏害虫越冬场所，并将刮下的残余组织集中烧毁，消灭越冬虫源。生长期结合疏花、疏果及夏剪等农事措施，及时剪除卷叶虫苞，集中深埋。

（2）**萌芽初期喷洒铲除性药剂**　萌芽初期全园喷施1次3～5波美度石硫合剂或45%石硫合剂晶体60～80倍液，杀灭残余越冬害虫。

（3）**生长期及时喷药防治**　关键是喷药时间。落花后及时喷药是防治越冬代幼虫的关键期，6月中旬左右是防治第1代幼虫的关键期，8月份是防治第2代幼虫的关键期。每期内喷药1～2次即可。另外，也可利用性诱剂或诱虫灯、糖醋液等进行测报，在诱蛾高峰出现后3～5天进行喷药。常用有效药剂有：25%灭幼脲悬浮剂1500～2000倍液、20%除虫脲悬浮剂2000～3000倍液、240克/升甲氧虫酰肼悬浮剂2000～3000倍液、20%虫酰肼悬浮剂1500～2000倍液、20%氟苯虫酰胺水分散粒剂2500～3000倍液、35%氯虫苯甲酰胺水分散粒剂10000～12000倍液、1.8%阿维菌素（富农）乳油3000～4000倍液、1%甲氨基阿维菌素苯甲酸盐乳油3000～4000倍液、

48%毒死蜱乳油或40%可湿性粉剂1200～1500倍液、90%灭多威可溶性粉剂3000～4000倍液、4.5%高效氯氰菊酯乳油1500～2000倍液、5%高效氯氟氰菊酯乳油3000～4000倍液、2.5%溴氰菊酯乳油1500～2000倍液、52.25%氯氰•毒死蜱乳油1500～2000倍液等。另外，也可喷施苏云金杆菌、杀螟杆菌、白僵菌、核型多角体病毒等微生物农药进行防治。在幼虫卷叶前喷药效果最好，若已开始卷叶，需适当增大喷洒药液量。

（4）**其他措施** 在果园内设置黑光灯、频振式诱蛾灯、性引诱剂诱捕器、糖醋液诱捕器等，诱杀成虫。有条件的果园也可在越冬代成虫产卵盛期释放赤眼蜂，具体方法是：根据诱蛾测报，从诱蛾高峰出现后第3天开始放蜂，以后每隔5天放蜂1次，共放蜂4次，每次每树放蜂量分别为第1次500头、第2次1000头、第3及第4次均为500头。

苹褐卷叶蛾

危害特点 苹褐卷叶蛾又称褐带卷叶蛾、褐卷叶蛾，俗称"卷叶蛾"，在苹果、梨、桃、李、杏、樱桃、山楂等果树上均有发生，均以幼虫为害叶片和果实。为害叶片时，幼虫吐丝把几个叶片连缀在一起，在卷叶内取食为害，将叶片吃成缺刻、孔洞或网状，以幼嫩叶片受害较重（彩图373）。为害果实时，在果实表面舔食出许多不规则的小坑洼，尤以叶果相贴和两果接触部位最易受害，严重时坑洼连片，导致果实畸形（彩图374）。

形态特征 成虫体长8～11毫米，翅展16～25毫米，全身黄褐色或暗褐色；下唇须前伸，远长于头部；前翅基部有一暗褐色斑纹，前翅中部前缘有1条浓褐色宽带，带的两侧有浅色边，前缘近端部有一半圆形或近似三角形的褐色斑纹；后翅淡褐色（彩图375）。卵扁圆形，长约0.9毫米，初为淡黄绿色，近孵

彩图373 苹褐卷叶蛾卷叶为害状

彩图374 苹褐卷叶蛾在幼果上的为害状

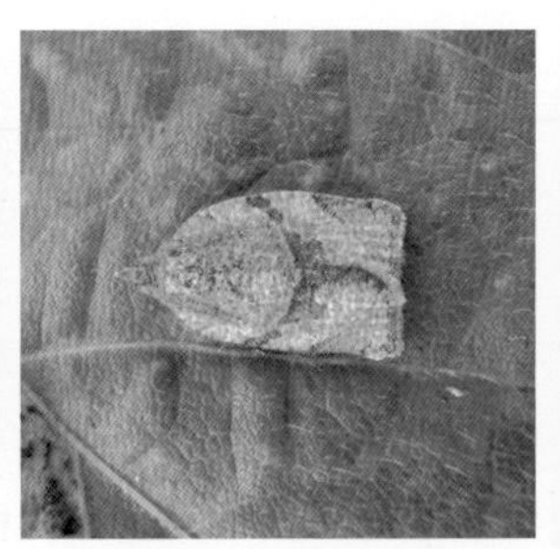

彩图375 苹褐卷叶蛾成虫

化时变褐，数十粒排成鱼鳞状卵块，表面有胶状覆盖物。老熟幼虫体长 18 ～ 20 毫米，头近方形，头和前胸背板淡绿色，体深绿而稍带白色（彩图 376）。蛹长约 11 毫米，头和胸部背面暗褐色稍带绿色，背面各节有两排刺突。

彩图 376 苹褐卷叶蛾幼虫

发生习性 苹褐卷叶蛾 1 年发生 2 ～ 3 代。以幼龄幼虫在树体枝干的粗翘皮下、裂缝内、剪锯口周围的死皮内结白色丝茧越冬。翌年果树萌芽时开始出蛰为害嫩芽、幼叶、花蕾，严重时嫩叶不能展开，花芽不能开花坐果。幼虫老熟后在两叶重叠间化蛹，蛹期 8 ～ 10 天。辽宁南部果区 6 月下旬至 7 月中旬发生越冬代成虫；7 月上旬至 7 月下旬发生第 1 代幼虫，7 月中旬至 8 月上旬发生第 1 代成虫；7 月下旬至 8 月中旬发生第 2 代幼虫，8 月下旬至 9 月上旬发生第 2 代成虫；第 3 代幼虫多从 9 月上中旬开始发生。山东果区越冬代成虫发生于 6 月初至 6 月下旬；第 1 代幼虫发生于 6 月中旬至 7 月初，第 1 代成虫 7 月中旬至 8 月上旬羽化；第 2 代幼虫发生于 7 月下旬至 8 月中旬，第 2 代成虫 8 月下旬至 9 月中旬羽化；第 3 代幼虫多从 9 月上旬开始发生。成虫有趋光性和趋化性。主要产卵于叶背面，每雌蛾平均产卵 120 ～ 150 粒，卵期 7 ～ 9 天。初孵幼虫群栖在叶背面主脉两侧或前 1 代幼虫化蛹的卷叶内为害，将叶片吃成网孔状，稍大后分散卷叶或舐食果面为害。幼虫活泼，遇有触动，离开卷叶，吐丝下垂，随风飘移至其他枝叶上。低龄幼虫在 10 月上旬开始寻找适宜场所结茧越冬。

防治技术 以清理害虫越冬场所、消灭越冬幼虫为基础，生长期在幼虫发生为害阶段及时喷药防治为主，适当诱杀成虫和生物防治相结合。具体技术措施同“苹果小卷叶蛾”。

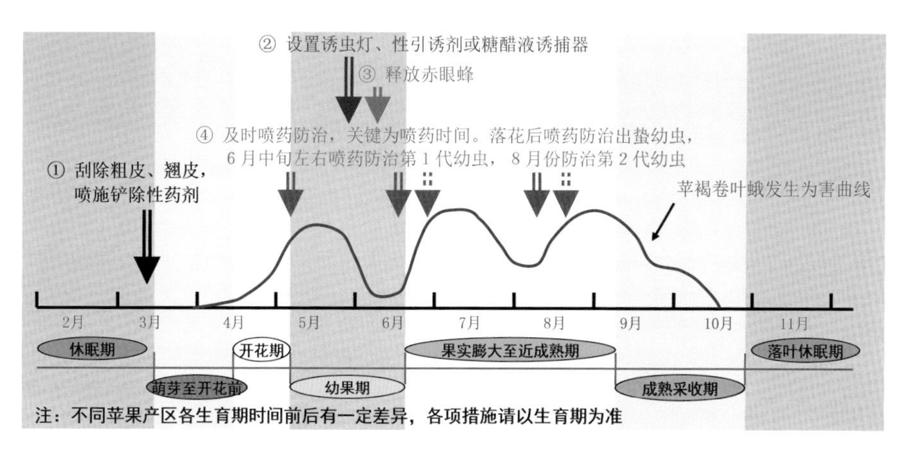

顶梢卷叶蛾

危害特点 顶梢卷叶蛾又称顶芽卷叶蛾、芽白小卷蛾，在苹果、梨、桃、李、杏、山楂等果树上均有发生，以幼虫为害嫩梢，仅为害枝梢的顶芽。幼虫吐丝将数片嫩叶缠缀成虫苞，并啃下叶背绒毛作成筒巢，潜藏其内，仅在取食时身体露出巢外。1个虫苞内可有幼虫 2 ～ 5 条。为害后期顶梢卷叶团干枯，不易脱落（彩图 377）。

彩图 377 顶梢卷叶蛾为害状

形态特征 成虫体长 6 ～ 8 毫米，翅展 12 ～ 15 毫米，全体银灰褐色；前翅前缘有数组褐色短纹，基部 1/3 处和中部各有一暗褐色弓形横带，后缘近臀角处有一近似三角形褐色斑，此斑在两翅合拢时并成一菱形斑纹，近外缘处从前缘至臀角间有 8 条黑色平行短纹（彩图 378）。卵扁椭圆形，乳白色至淡黄色，半透明，长径 0.7 毫米，短径 0.5 毫米；卵粒散产。老熟幼虫体长 8 ～ 10 毫米，体污白色，头部、前胸背板和胸足均为黑色，无臀栉（彩图 379）。蛹黄褐色纺锤形，长 5 ～ 8 毫米，尾端有 8 根细长的钩状毛（彩图 380）。茧黄色白绒毛状，椭圆形。

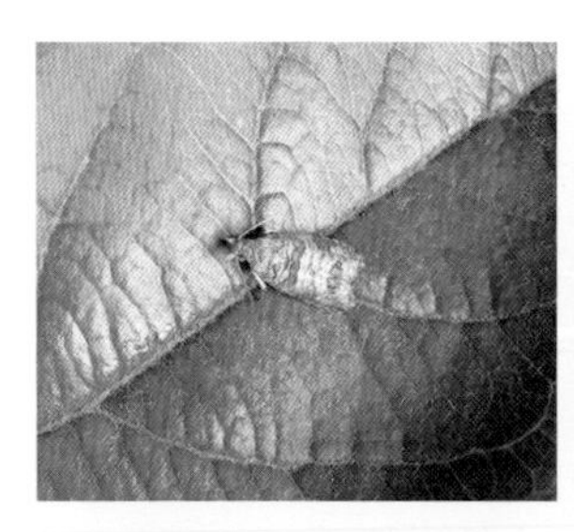

彩图 378 顶梢卷叶蛾成虫

彩图 379 顶梢卷叶蛾幼虫

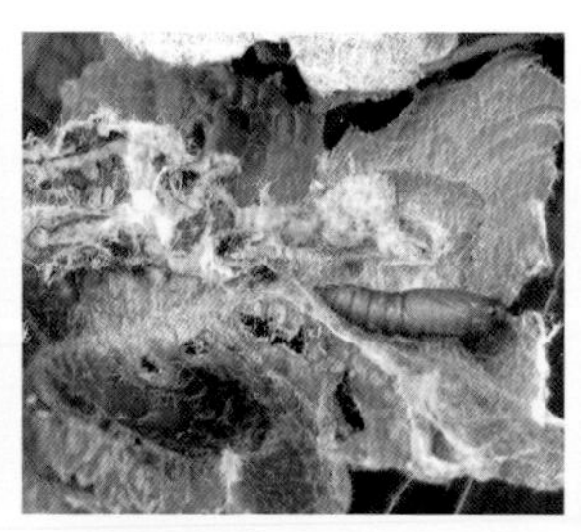

彩图 380 顶梢卷叶蛾蛹

发生习性 顶梢卷叶蛾 1 年发生 2 ～ 3 代，以 2 ～ 3 龄幼虫在枝梢顶端的卷叶虫苞内做茧越冬。翌年春季苹果花芽展开时，越冬幼虫开始出蛰，出蛰早的主要为害顶芽，出蛰晚的向下为害侧芽。经 24 ～ 36 天幼虫老熟后在卷叶团内结茧化蛹，蛹期 8 ～ 10 天。在 3 代发生区，越冬代成虫在 5 月中旬至 6 月末发生；6 月中旬左右为第 1 代幼虫初孵盛期，第 1 代成虫在 6 月下旬至 7 月下旬发生；第 2 代成虫在 7 月下旬至 8 月末发生。每雌蛾产卵 80 ～ 90 粒，卵多散产在当年生枝条上部叶片背面的多绒毛处，卵期 6 ～ 7 天。第 1 代幼虫主要为害春梢，第 2、3 代幼虫主要为害秋梢，10 月上旬以后幼虫在顶梢卷叶内结茧越冬。成虫有趋糖蜜性，夜间飞行、交尾、产卵。幼虫孵化后爬至梢端，吐丝卷叶为害，并将叶背的绒毛啃下与丝织成茧，潜藏其中，取食时爬出，食毕缩回。

防治技术

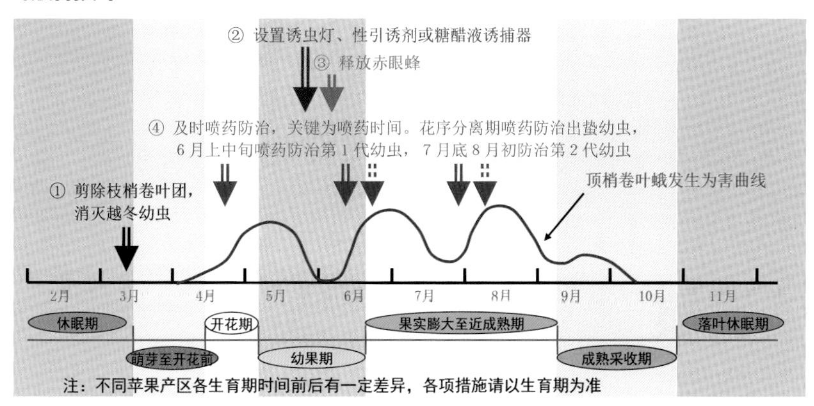

（1）**人工防治**　结合修剪，彻底剪除被害枝梢卷叶团，集中深埋或烧毁，消灭其中幼虫，幼树果园及苗圃特别重要。

（2）**生长期及时喷药防治**　药剂防治的关键是喷药时期，越冬幼虫出蛰转移期和各代幼虫孵化盛期是喷药防治的关键。常用有效药剂同“苹果小卷叶蛾”。

黄斑卷叶蛾

危害特点　黄斑卷叶蛾又称黄斑长翅卷叶蛾、黄斑卷蛾，在苹果、梨、桃、李、杏、海棠等果树上均有发生，主要以幼虫为害叶片，很少为害果实。多在枝条上部卷叶为害，常吐丝缀连几张叶片，卷叶蛾咬食叶肉；或将叶片沿主脉向正面纵折，藏于其间为害或化蛹（彩图 381）。

彩图 381　黄斑卷叶蛾吐丝缀叶为害状

形态特征　成虫体长 7 ～ 9 毫米，翅展 17 ～ 20 毫米，有冬型和夏型区别；冬型雌蛾体色较深，后翅灰褐色，雄蛾前翅灰褐色；夏型成虫前翅金黄色，翅面有银白色突起的鳞毛丛；下唇须中节末端膨大，前翅近长方形，顶角圆钝（彩图 382）。卵扁平椭圆形，长约 0.8 毫米，单粒散产，初产时淡黄白色，以后出现红圈，渐变为暗红色，近孵化时为褐色。老熟幼虫体长 18 ～ 22 毫米，体呈梭形，中部较粗，两头较细，不太活泼；幼龄时头和前胸背板漆黑色，老熟时头和前胸背板黄褐色，胴部黄绿色。蛹体长 9 ～ 11 毫米，黑褐色，头顶有 1 个向背面弯曲的角状突起，臀刺分二杈，向前方弯曲。

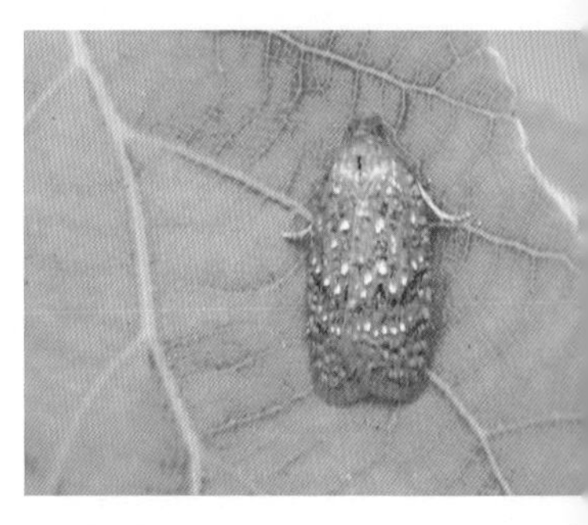

彩图 382　黄斑卷叶蛾成虫

发生习性　黄斑卷叶蛾 1 年发生 3 ～ 4 代，以成虫在果园落叶、杂草及砖石缝中越冬。翌年苹果发芽时出蛰，不久即在树干、枝条及芽两侧产卵，卵期 20 天左右。幼虫孵化后为害嫩叶。开花前为第 1 代幼虫发生初盛期，也是全年防治的第一个关键期。以后各代成虫多在叶片正面产卵，尤以枝条中上部的叶片较多。第 2 代及其以后各代卵期 4 ～ 5 天。北方果区第 2 代幼虫约出现在 6 月中下旬，以后各代表现不整齐，世代重叠。幼虫主要为害叶片，有转叶为害习性，喜欢为害枝条中上部的幼嫩叶片。3 龄以前啃食叶肉仅留表皮，3 龄后咬食叶片成孔洞。幼虫期约 24 天，共 5 龄，老熟后转移卷新叶结茧化蛹，蛹期平均 13 天左右。夏型成虫对黑光灯和糖醋液有一定的趋性。

防治技术

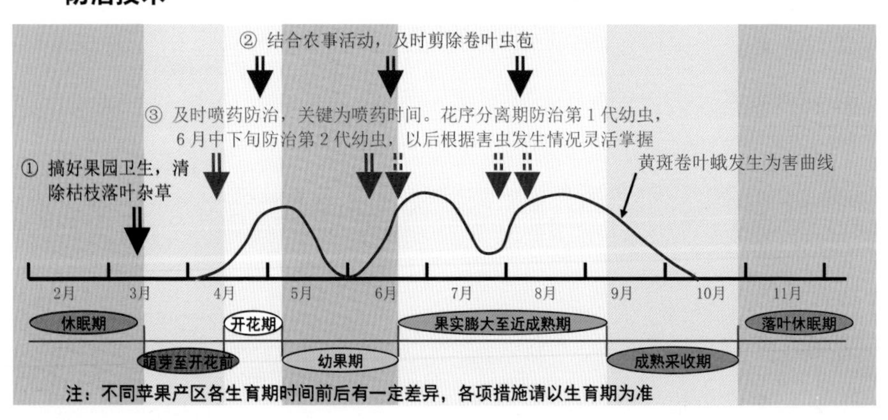

（1）**人工防治**　苹果萌芽前彻底清除果园内的枯枝、落叶、杂草等，集中深埋或烧毁，破坏害虫越冬场所。生长季节，结合其他农事活动，及时剪除卷叶虫苞，集中深埋，消灭园内幼虫。

（2）**及时喷药防治**　花序分离期是喷药防治第 1 代幼虫的关键期，6 月中下旬是喷药防治第 2 代幼虫的关键期，以后各代根据园内虫情发生状况灵活掌握。效果较好的有效药剂同“苹果小卷叶蛾”。

苹果金象

危害特点 苹果金象又称苹果卷叶象鼻虫，在苹果、梨、李、杏、山楂等果树上均有发生。果树发芽展叶后，主要以成虫卷叶产卵进行为害。成虫产卵前先将附近的几张叶片的叶柄或嫩枝咬伤，之后叶片失水萎蔫，成虫随即先将一张叶片卷成卷，再将其余叶片逐层叠卷，最后将附近的几张叶片卷成筒卷，筒卷各叶片结合处用分泌的黏液黏合（彩图 383）。成虫卷叶初期已经产卵，卷筒形成后卵即被包裹在里面。每卷筒平均产卵 2 ～ 11 粒。后叶卷变褐坏死，幼虫在卷内为害。随虫龄长大，幼虫在卷内窜食，将内层卷叶吃空，卷叶逐渐干枯脱落。严重时，许多叶片受害，造成树势衰弱，产量降低，甚至果实脱落。另外，成虫也可直接啃食叶片为害。

形态特征 成虫体长 8 ～ 9 毫米，整个虫体为豆绿色，具有金属光泽，头部紫红色，向前延伸成象鼻状；触角黑色，棒状，12 节；胸部及鞘翅为豆绿色，鞘翅长方形，表面有细小刻点，基部稍隆起，鞘翅前后两端有 4 个紫红色大斑；足紫红色（彩图 384）。卵椭圆形，长 1 毫米左右，乳白色，半透明。初孵幼虫 1.5 毫米左右，乳白色；老熟幼虫 8 ～ 10 毫米，头部红褐色，咀嚼式口器，体乳白色，12 节，稍弯曲，无足型（彩图 385）。蛹为裸蛹，略呈椭圆形，初乳白色，逐渐变深。

彩图 383 苹果金象卷叶为害状　彩图 384 苹果金象成虫　彩图 385 苹果金象幼虫

发生习性 苹果金象在吉林地区 1 年发生 1 代，以成虫在表土层中或地面覆盖物中越冬。翌年果树发芽后越冬成虫逐渐出土活动，5 月上旬开始交尾，然后产卵为害。雌虫产卵前先把嫩叶或嫩枝咬伤，待叶片萎蔫后开始卷叶，并将卵产于卷叶内。卵期 6 ～ 7 天，5 月上中旬开始孵化出幼虫，幼虫在卷叶内为害。6 月上旬幼虫陆续老熟，老熟幼虫钻出卷叶入土，在土下 5 厘米深处做土室化蛹。8 月上旬逐渐羽化出成虫，8 月下旬至 9 月中旬成虫寻找越冬场所越冬。成虫不善飞翔，具有假死性，受惊动时假死落地。

防治技术

（1）**人工防治** 在成虫出蛰盛期，利用成虫的假死性和不善飞翔性，在树盘下铺塑料布或报纸等，振动树干，捕杀落地成虫。在成虫产卵期至幼虫孵化盛期，结合其他农事活动，彻底摘除卷叶，集中深埋或烧毁，消灭卷叶内虫卵及幼虫。

（2）**适当喷药防治** 苹果金象一般为零星发生，不需单独喷药防治。个别往年发生较重果园，在成虫出蛰至卷叶为害前喷药，或从初见卷叶时立即开始喷药，7 天左右 1 次，连喷 1 ～ 2 次，以选用击倒力强的触杀性药剂较好。效果较好的有效药剂有：4.5%高效氯氰菊酯乳油或水乳剂 1500 ～ 2000 倍液、2.5%高效氯氟氰菊酯乳油 1500 ～ 2000 倍液、20%甲氰菊酯乳油 1500 ～ 2000 倍液、48%毒死蜱乳油 1500 ～ 2000 倍液、80%敌敌畏乳油 1000 ～ 1500 倍液、50%马拉硫磷乳油 1500 ～ 2000 倍液、90%快灵（灭多威）可溶性粉剂 3000 ～ 4000 倍液、52.25%氯氰•毒死蜱乳油 2000 ～ 2500 倍液等。

美国白蛾

危害特点 美国白蛾又称秋幕毛虫，是一种重要的检疫性害虫，在苹果、梨、桃、李、杏、樱桃、核桃、柿、杨、柳等多种果树及林木上均有发生，均以幼虫蚕食叶片进行为害，吐丝结网、群集为害是其重要识别特征（彩图 386）。低龄幼虫群集结网，在网幕内为害叶片，只啃食叶肉，残留表皮；随虫龄增大，幼虫逐渐将叶片食成缺刻或蚕食成仅留叶脉；同时，网幕也逐渐扩大，有时可长达 1.5 米以上（彩图 387、彩图 388）。幼虫 4 龄后，食量剧增，出网分散为害，严重时将整树叶片吃光。虫量多时，幼虫可转株为害。

彩图 386 美国白蛾结网为害状

彩图 387 美国白蛾低龄幼虫将叶片啃食成筛网状

彩图 388 美国白蛾老龄幼虫将叶片蚕食成缺刻

形态特征　雌成虫体长13～15毫米，翅展33～44毫米，体白色；触角褐色锯齿状，复眼黑褐色，口器短而纤细，胸部背面密布白色绒毛，多数个体腹部白色无斑点，少数个体腹部黄色上有黑点，前翅翅面上很少有斑点，甚至没有（彩图389）。雄成虫体长9～12毫米，翅展 23～34毫米，触角黑色，双栉齿状，越冬代前翅背面有较多的黑褐色斑点，第1代成虫翅面上的斑点较少（彩图390）。卵近球形，直径约0.5毫米，初产时浅黄绿色或浅绿色，后变灰绿色，孵化前变灰褐色，有较强的光泽；常数百粒单层排列成块状，覆有白色鳞毛（彩图391）。幼虫体色变化较大，黄绿色至灰黑色，头部黑色；低龄幼虫体色较浅，老龄幼虫体色较深；背部两侧线之间有一条灰褐色至灰黑色宽纵带，背中线、气门上线、气门下线为黄色；背部毛瘤黑色，体侧毛瘤为橙黄色，毛瘤上生有灰白色长毛；老熟幼虫体长28～35毫米（彩图392、彩图393）。蛹长纺锤形，体长8～15毫米，暗红褐色，腹部各节有凹陷的刻点，臀刺8～17根，每根钩刺的末端呈喇叭口状（彩图394）。茧褐色或暗红色，由稀疏的丝混杂幼虫体毛组成（彩图395）。

彩图389　美国白蛾雌成虫

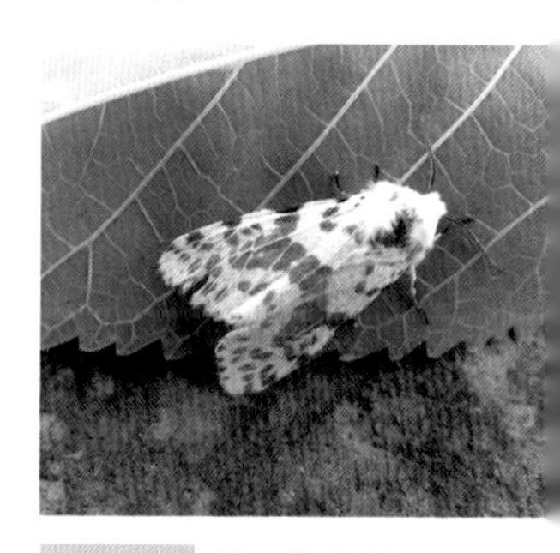

彩图390　美国白蛾越冬代雄成虫

彩图391　美国白蛾的卵块

彩图392　美国白蛾低龄幼虫

彩图393　美国白蛾老龄幼虫

彩图394　美国白蛾的蛹

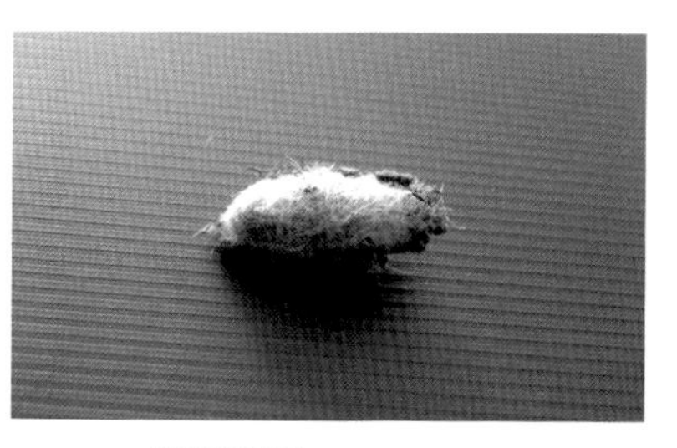

彩图395　美国白蛾的茧

发生习性 美国白蛾在北方果区1年发生2～3代，以蛹在枯枝落叶中、墙缝、表土层、树洞等处越冬。翌年5月上旬出现成虫，成虫发生10～15天后开始产卵，卵多呈块状产于叶背，每卵块有卵300～500粒。卵期7天左右。幼虫孵化后不久即吐丝结网，群集网内为害，4龄后分散为害。幼虫期35～42天。幼虫耐饥饿能力很强，且龄期越大，耐饥饿时间越长，7龄幼虫耐饥饿时间最长可达15天，这一特性使美国白蛾很容易随货物或交通工具进行远距离传播。幼虫老熟后下树寻找适宜场所结茧化蛹，末代则开始越冬。

第1代幼虫发生期在6月上旬至7月下旬，发生期比较整齐；第2代幼虫发生期在8月中旬至9月中旬，逐渐出现世代重叠现象；第3代幼虫发生期在9月下旬至10月中旬。

防治技术

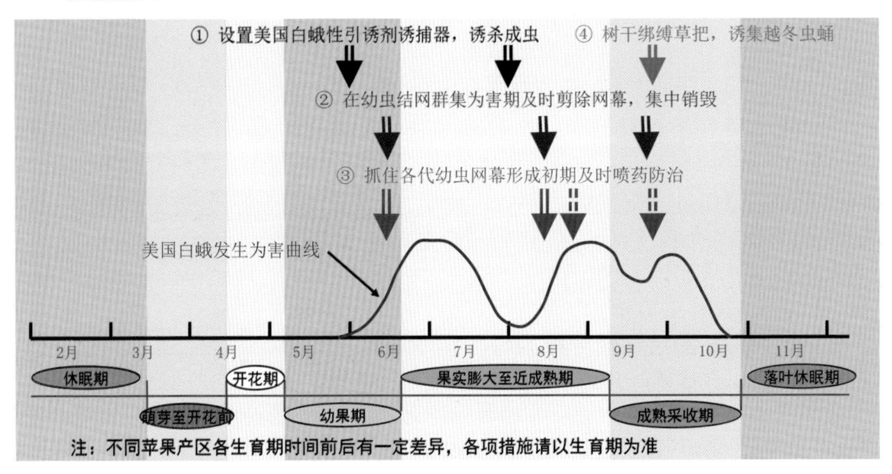

（1）**加强检疫** 美国白蛾各种虫态在一定条件下均可通过交通运输工具远距离传播，因此必须做好各项检疫工作，防止其发生范围扩散蔓延。首先划定疫区，设立防护带，严禁从疫区调出苗木、木材、水果等。一旦从疫区调入苗木，必须严格检疫，发现有美国白蛾必须彻底销毁。

（2）**人工防治** 利用幼虫结网为害的习性，经常巡回检查，发现幼虫网幕后及时彻底摘除烧毁，消灭网内幼虫。美国白蛾分散为害后，从9月底至10月初开始在树干上绑缚草把，诱集幼虫，进入冬季后解下烧毁，消灭越冬虫蛹。

（3）**及时喷药防治** 在幼虫发生期内喷药，杀灭幼虫，每代喷药1～2次。对天敌较安全的药剂有：25%灭幼脲悬浮剂1500～2000倍液、20%除虫脲悬浮剂1500～2000倍液、50克/升氟虫脲可分散液剂1000～1500倍液、5%氟啶脲乳油1000～1500倍液、5%虱螨脲乳油1000～1500倍液、20%虫酰肼悬浮剂1000～1500倍液、240克/升甲氧虫酰肼悬浮剂1500～2000倍液、200克/升氯虫苯甲酰胺悬浮剂3000～4000倍液、20%氟苯虫酰胺水分散粒剂2500～3000倍液、10%氟苯虫酰胺悬浮剂1500～2000倍液、30×10^{8}PIB/毫升甜菜夜蛾核型多角体病毒悬浮剂800～1000倍液等。另外，广谱性杀虫剂还有：48%毒死蜱乳油1500～2000倍液、4.5%高效氯氰菊酯乳油或水乳剂1500～2000倍液、5%高效氯氟氰菊酯水乳剂3000～4000倍液、24%灭多威水剂800～1000倍液、50%马拉硫磷乳油1200～1500倍液、52.25%氯氰·毒死蜱乳油2000～2500倍液等。喷药时，除防治果园内美国白蛾外，还要注意对果园周围的林木上进行喷药，以防止其向果园内蔓延扩散。

（4）**诱杀成虫** 有条件的果园，在果园内设置美国白蛾性引诱剂诱捕器，诱杀成虫。每亩设置3～5点即可。

天幕毛虫

危害特点 天幕毛虫又称黄褐天幕毛虫、天幕枯叶蛾，在苹果、梨、桃、李、杏、樱桃等果树上均有发生，以幼虫为害叶片。低龄幼虫群集一个枝上或枝杈处吐丝结网，在网内取食为害，将叶片啃食成筛网状；随虫龄增大，叶片被吃成缺刻或只剩主脉或叶柄；5龄后逐渐分散为害（彩图396、彩图397）。严重时将整株叶片吃光。幼虫多白天群栖巢上，夜间取食为害。

彩图396 天幕毛虫结网为害状

形态特征 雌成虫体长18～22毫米，翅展37～43毫米，黄褐色，触角栉齿状；前翅中央有深褐色宽带，宽带两边各有一条黄褐色横线（彩图398）。雄成虫体长15～17毫米，翅展约30毫米，淡黄色，触角羽毛状，前翅具两条褐色细横线。卵圆筒形，高约1.3毫米，灰白色，数百粒密集成块在小枝上粘成一圈似“顶针”状（彩图399）。老熟幼虫体长50～55毫米，体生许多黄白色毛；体背中央有一条白色纵线，其两侧各有一条橙红色纵线；体两侧各有一条黄色纵线，每条黄线上、下各有一条灰蓝色纵线；腹部各节背面具黑色毛瘤数个（彩图400、彩图401）。蛹椭圆形，长17～20毫米，黄褐色至黑褐色（彩图402）。茧黄白色，表面附有灰黄色粉（彩图403）。

彩图397 天幕毛虫蚕食叶片

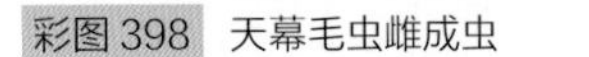

彩图 398　天幕毛虫雌成虫

彩图 399　天幕毛虫卵块

彩图 400　天幕毛虫低龄幼虫

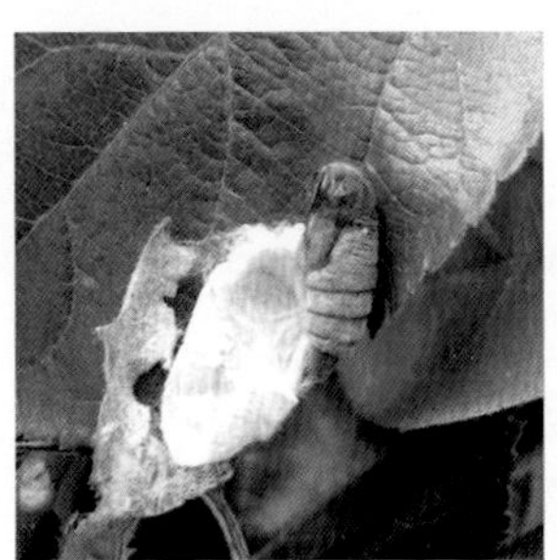

彩图 401　天幕毛虫老龄幼虫

彩图 402　天幕毛虫蛹

彩图 403　天幕毛虫茧

发生习性　天幕毛虫 1 年发生 1 代，以完成胚胎发育的幼虫在卵壳内越冬。翌年春季苹果发芽时，幼虫破壳而出取食嫩芽和嫩叶，然后转移到小枝上或枝杈处吐丝结网，形成“天幕”。1 ～ 4 龄幼虫白天群集在网幕中，晚间出来取食叶片，5 龄幼虫离开网幕分散到全树暴食叶片。幼虫期 45 天左右，5 月中下旬陆续老熟后在叶片上或杂草丛中结茧化蛹，蛹期 10 ～ 15 天。6 ～ 7 月为成虫盛发期。成虫有趋光性，产卵于当年生小枝上，幼虫胚胎发育完成后不出卵壳即开始越冬。

防治技术

（1）**人工防治**　结合冬剪，注意剪除小枝上的越冬卵块，集中销毁。生长期结合农事操作，利用低龄幼虫群集结网为害的特性，在幼虫发生为害初期及时剪除幼虫网幕，集中深埋或销毁。已分散的幼虫，也可振树捕杀。有条件的果园，还可在成虫发生前于果园内设置黑光灯或频振式诱虫灯，诱杀成虫。

（2）**适当喷药防治**　天幕毛虫多为零星发生，一般果园不需单独喷药防治。个别虫量较大的果园，在幼虫发生为害初期及时喷药 1 次，即可有效控制该虫的发生为害。效果较好的有效药剂同防治“美国白蛾”有效药剂。

苹掌舟蛾

危害特点 苹掌舟蛾又称舟形毛虫，在苹果、梨、桃、李、杏、樱桃、山楂等果树上均有发生，均以幼虫为害叶片。初期，1个卵块孵化的幼虫群集在这张叶片上为害，啃食上表皮和叶肉，仅剩网眼状下表皮（彩图404）；随虫龄增大，逐渐分散为害，但相对集中于1个枝条，将叶片食成缺刻或将叶片吃光仅剩叶柄。严重时，可将整个枝条叶片吃光，甚至将全树吃光（特别是幼树），对树体生长发育影响很大。

彩图404 苹掌舟蛾初孵幼虫群集啃食叶片为害

形态特征 成虫体长22～25毫米，翅展49～52毫米，雄蛾腹背浅黄褐色，雌蛾土黄色，末端均淡黄色；前翅银白色，在近基部有1个长圆形斑，外缘有6个椭圆形斑，横列成带状；后翅淡黄色，外缘杂有黑褐色斑（彩图405）。卵圆球形，直径约1毫米，初产时淡绿色，近孵化时变灰色或黄白色，单层排列成块状（彩图406）。老熟幼虫体长50毫米左右，头黄色，有光泽，胸部背面紫黑色，腹面紫红色，体两侧各有灰白色和暗紫色纵条纹，体生黄白色毛；静止时头、胸和尾部翘起似船形，故称“舟形毛虫”（彩图407）。蛹红褐色，长20～23毫米，末端有2个二分叉的臀棘。

彩图405 苹掌舟蛾成虫

彩图406 苹掌舟蛾卵

彩图407 苹掌舟蛾老龄幼虫

发生习性 苹掌舟蛾1年发生1代，以蛹在树冠下1～18厘米的土层中越冬。翌年7月上旬至8月上旬逐渐羽化，7月中下旬为羽化盛期。成虫昼伏夜出，趋光性较强，常产卵于叶背，单层排列，密集成块。卵期约7天。8月上旬幼虫孵化，初孵幼虫群集叶背，整齐排列成行，啃食叶肉，将叶片食成筛网状；3龄后逐渐分散或转移为害，常把整枝、整树叶片吃光，仅留叶柄。幼虫早晚取食，白天栖息，头尾翘起，形似小舟，受惊扰或振动时，成群吐丝下垂。幼虫发生期为8月中旬至9月中旬，共5龄，幼虫期平均40天。幼虫老熟后，陆续入土化蛹越冬。

防治技术

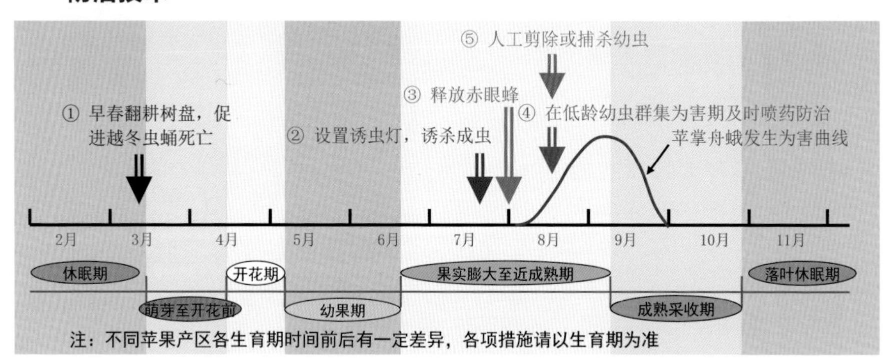

（1）**人工防治** 早春翻耕树盘，将土壤中越冬虫蛹翻于地表，被鸟类啄食或被风吹干死亡。生长期，在幼虫分散为害前，及时剪除群集幼虫叶片销毁；或振动树枝，使幼虫吐丝下坠，集中捕杀消灭。有条件的果园，结合其他害虫防治，在成虫发生期内于果园中设置诱虫灯，诱杀成虫。

（2）**适当喷药防治** 苹掌舟蛾的防治关键是在幼虫3龄前（分散为害前）及时喷药，一般果园喷药1次即可。效果较好的有效药剂同防治“美国白蛾”有效药剂。

（3）**生物防治** 有条件的果园，在成虫产卵期释放赤眼蜂灭卵。

金毛虫

危害特点 金毛虫在苹果、梨、桃、李、杏、樱桃、山楂等果树上均有发生，以幼虫主要为害叶片及花器。低龄幼虫啃食叶片下表皮和叶肉，残留上表皮和叶脉，被害叶呈网状；老龄幼虫将叶片蚕食成缺刻，严重时仅留主脉和叶柄（彩图408）。花器受害，花瓣被取食成缺刻，甚至取食花丝、柱头等，被害花不能坐果（彩图 409）。

形态特征 成虫体白色，复眼黑色；雌蛾体长 14 ～ 18 毫米，翅展 36 ～ 40 毫米，前翅近臀角处有一褐色斑纹；雄蛾体长 12 ～ 14 毫米，翅展 28 ～ 32 毫米，前翅近臀角处和近基角的斑纹为褐色（彩图 410）。卵扁圆形，直径 0.6 ～ 0.7 毫米，初产时橘黄色或淡黄色，后颜色逐渐加深，孵化前为黑色，常数十粒排列成长袋形卵块，表面覆有雌蛾腹末脱落的黄毛。幼虫体长 26 ～ 40 毫米，头黑褐色，体黄色，背线红色，亚背线、气门上线和气门线黑褐色，前胸背板有 2 条黑色纵纹；前胸的 1 对大毛瘤和各节气门下线及第 9 腹节的毛瘤为红色，其余各节背面的毛瘤为黑色绒球状（彩图 411）。蛹长圆筒形，长 9 ～ 11.5 毫米，棕褐色。茧长椭圆形，长 13 ～ 18 毫米，较薄。

彩图 409　金毛虫正在为害花序

彩图 408　金毛虫蚕食叶片成缺刻

彩图 410　金毛虫成虫

彩图 411　金毛虫幼虫

发生习性 金毛虫1年发生2代，以3龄幼虫在枝干粗皮裂缝内及落叶中结茧越冬。翌年果树发芽时越冬幼虫开始破茧出蛰，为害嫩芽和叶片。5月中旬后幼虫陆续老熟，在树皮缝内吐丝结茧化蛹。蛹期半月左右，6月中下旬出现成虫。成虫昼伏夜出，有趋光性，羽化后不久即交尾、产卵。卵多成块状产于叶背或枝干上，卵期7天左右。初孵幼虫群集叶片上啃食叶肉，2龄后逐渐分散为害，至7月中下旬老熟、化蛹。7月下旬至8月上旬发生第1代成虫。8月中下旬发生第2代幼虫，为害至3龄左右时寻找适当场所结茧、越冬。

防治技术

（1）**人工防治** 发芽前刮除枝干粗皮、翘皮，清除果园内枯枝落叶，集中销毁或深埋，消灭越冬幼虫。生长期结合农事活动，尽量剪除卵块、摘除群集幼虫。在幼虫越冬前于树干上捆绑草把等，诱集越冬幼虫，待进入冬季后集中取下、烧毁。

（2）**适当喷药防治** 金毛虫多为零星发生，一般不需单独喷药防治。个别发生较重果园，春季幼虫出蛰后和各代幼虫孵化期是药剂防治的关键期，每期喷药1次即可。常用有效药剂同“美国白蛾”有效药剂。

桃剑纹夜蛾

危害特点 桃剑纹夜蛾又称苹果剑纹夜蛾，在苹果、梨、桃、李、杏、樱桃、核桃、山楂等果树上均有发生，以幼虫食害叶片和果实。低龄幼虫群集叶背为害，啃食表皮和叶肉，残留上表皮及叶脉，受害叶片呈筛网状；虫龄稍大后逐渐分散为害，将叶片食成缺刻，甚至将叶片吃光，仅残留叶柄（彩图412）。有时幼虫也可啃食果皮，在果面上呈现不规则的坑洼，影响果品质量。

形态特征 成虫体长18～22毫米，翅展40～48毫米，触角丝状灰褐色，体表被有较长的鳞毛，体、翅灰褐色；前翅有3条与翅脉平行的黑色剑状纹，基部的1条呈树枝状，端部2条平行，外缘有1列黑点；后翅灰白色，外缘色较深。卵半球形，直径1.2毫米，白色至污白色。老熟幼虫体长38～40毫米，头黑色，其余部分灰色略带粉红，体表疏生黑褐色细长毛，毛端黄白色稍弯曲；体背有1条橙黄色纵带，纵带两侧各有2个黑色毛瘤；气门下线灰白色，各节气门线处均有一粉红色毛瘤；胸足黑色，腹足俱全暗灰褐色（彩图413）。蛹体长约20毫米，初为黄褐色，渐变为棕褐色，有光泽，腹末有8根刺毛，背面2根较大。

彩图 412　桃剑纹夜蛾低龄幼虫为害叶片成筛网状

彩图 413　桃剑纹夜蛾幼虫

发生习性　桃剑纹夜蛾 1 年发生 2 代，以蛹在土壤中或树皮缝中越冬。成虫 5 ～ 6 月间羽化，很不整齐。成虫昼伏夜出，有趋光性，羽化后不久即可交尾、产卵，卵产于叶面，成虫寿命 10 ～ 15 天。卵期 6 ～ 8 天。5 月中下旬出现第 1 代幼虫，为害至 6 月下旬逐渐老熟，老熟幼虫叶丝缀叶，在其中结白色薄茧化蛹。7 月中旬至 8 月中旬出现第 1 代成虫，7 月下旬开始出现第 2 代幼虫，为害至 9 月份陆续老熟，幼虫老熟后寻找适当场所结茧化蛹，以蛹越冬。

防治技术

（1）**人工防治**　发芽前刮除枝干粗皮、翘皮，杀灭在树皮缝中的越冬虫蛹。春季翻耕树盘，将土壤中的越冬虫蛹翻于地表，被鸟啄食或晒干。

（2）**诱杀成虫**　结合其他害虫防治，在果园内设置黑光灯或频振式诱虫灯，诱杀成虫。

（3）**适当喷药防治**　桃剑纹夜蛾多为零星发生，一般不需单独喷药防治。个别发生较重果园，在各代幼虫发生初期及时喷药防治，每代喷药 1 次即可。常用有效药剂同防治“美国白蛾”有效药剂。

黄刺蛾

危害特点　黄刺蛾俗称“洋辣子”，在苹果、梨、桃、李、杏、樱桃、枣、核桃、柿等多种果树上均有发生，以幼虫为害叶片。低龄幼虫群集叶背啃食下表皮及叶肉，使被害叶片呈透明筛网状；老龄幼虫分散为害，啃食叶片呈缺刻,残留主脉和叶柄;严重时把全树叶片吃光（彩图 414）。幼虫体上有毒刺，触及人的皮肤会导致痛痒、红肿，故俗称“洋辣子”。

彩图 414　黄刺蛾低龄幼虫啃食叶片为害

彩图 415　黄刺蛾成虫

彩图 416　黄刺蛾低龄幼虫

彩图 417　黄刺蛾老熟幼虫

彩图 418　黄刺蛾蛹（腹面）

彩图 419　黄刺蛾茧

形态特征　雌蛾体长 15 ～ 17 毫米，翅展 35 ～ 39 毫米；雄蛾体长 13 ～ 15 毫米，翅展 30 ～ 32 毫米；体肥大褐黄色，触角丝状灰褐色；前翅自顶角有 1 条细斜线伸向中室，斜线内方为黄色，外方为褐色；在褐色部分有 1 条深褐色细线自顶角伸至后缘中部，中室部分有 1 个黄褐色圆点；后翅灰黄色（彩图 415）。卵扁椭圆形，长 1.4 ～ 1.5 海米，宽 0.9 毫米，淡黄色，卵膜上有龟状刻纹。老熟幼虫体粗大，长 19 ～ 25 毫米，头部黄褐色，隐藏于前胸下；胸部黄绿色，体背有紫褐色大斑纹，前后宽大，中部狭细成哑铃形，末节背面有 4 个褐色小斑；气门上线淡青色，气门下线淡黄色（彩图 416、彩图 417）。蛹椭圆形，长 13 ～ 15 毫米，淡黄褐色，头、胸部背面黄色，腹部各节背面有褐色背板（彩图 418）。茧椭圆形，质地坚硬，黑褐色，有灰白色不规则纵条纹（彩图 419）。

发生习性　黄刺蛾在北方果区 1 年发生 1 代，黄河故道果区 1 年发生 2 代，均以老熟幼虫在枝条上、枝杈处及树干的粗皮上结卵圆形硬茧越冬。翌年 6 月中旬左右羽化出成虫。第 1 代幼虫发生期在 6 月中下旬至 7 月上中旬，幼虫老熟后在枝条上结茧化蛹，蛹期 15 天左右，7 月中下旬羽化出第 1 代成虫。第 2 代幼虫从 8 月上中旬开始为害，8 月下旬后陆续老熟结茧越冬。成虫昼伏夜出，具有趋光性，羽化后不久即交尾产卵，卵产于叶背，卵期 7 ～ 10 天。

防治技术

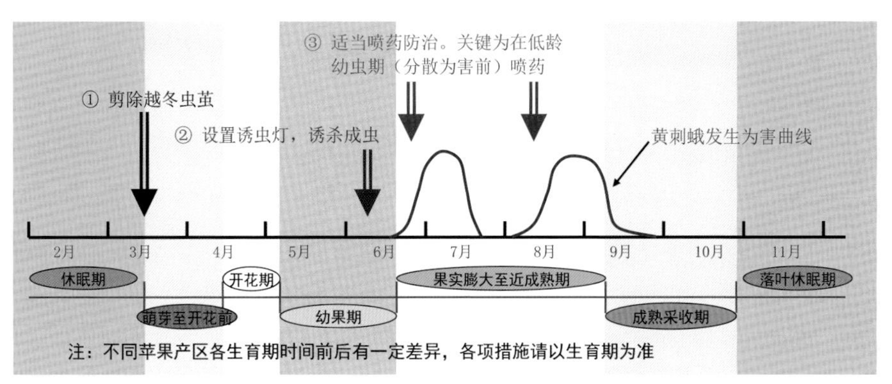

（1）**人工防治** 结合果树修剪等农事活动，彻底清除或刺破越冬虫茧，并注意清除在果园周围防护林上的虫茧。生长期发现群集幼虫，及时剪除有虫叶片，集中深埋。

（2）**诱杀成虫** 利用成虫的趋光性，在成虫发生期内于果园中设置黑光灯或频振式诱虫灯，诱杀成虫。

（3）**适当喷药防治** 黄刺蛾多为零星发生，一般果园不需单独喷药防治。少数发生较重果园，在低龄幼虫为害盛期（分散为害前）及时喷药，每代幼虫期喷药 1 次即可。效果较好的有效药剂有：25%灭幼脲悬浮剂 1500 ～ 2000 倍液、25%除虫脲可湿性粉剂 1500 ～ 2000 倍液、20%虫酰肼悬浮剂 1500 ～ 2000 倍液、1.8%阿维菌素乳油 3000 ～ 4000 倍液、2%甲氨基阿维菌素苯甲酸盐乳油或微乳剂 4000 ～ 5000 倍液、20%氟苯虫酰胺水分散粒剂 2500 ～ 3000 倍液、35%氯虫苯甲酰胺水分散粒剂 6000 ～ 8000 倍液、48%毒死蜱乳油或 40%可湿性粉剂 1500 ～ 2000 倍液、24%灭多威水剂 800 ～ 1000 倍液、4.5%高效氯氰菊酯乳油或水乳剂 1500 ～ 2000 倍液、2.5%高效氯氟氰菊酯乳油 1500 ～ 2000 倍液、52.25%氯氰•毒死蜱乳油 2000 ～ 2500 倍液等。

褐边绿刺蛾

危害特点 褐边绿刺蛾又称绿刺蛾、青刺蛾，俗称“洋辣子”，在苹果、梨、桃、李、杏、樱桃、核桃、枣、柿等果树上均有发生，均以幼虫食害叶片。低龄幼虫群集叶背啃食下表皮及叶肉，使被害叶片呈透明筛网状；老龄幼虫

彩图 420　褐边绿刺蛾为害叶片成缺刻

分散为害，啃食叶片呈缺刻，残留主脉和叶柄；严重时把全树叶片吃光（彩图 420）。由于幼虫带有毒刺，触及人的皮肤会导致痛痒、红肿，故俗称“洋辣子”。

形态特征　成虫体长 15 ～ 17 毫米，翅展 38 ～ 40 毫米，头胸背面绿色；触角棕色，雄蛾栉齿状，雌蛾丝状；前翅绿色，翅基部褐色，近外缘黄色，黄色部分边缘有弧状褐色线纹；后翅及腹部浅褐色，缘毛褐色（彩图 421）。卵扁椭圆形，长 1.2 ～ 1.5 毫米，初产时白色，渐变为黄绿色至淡黄色。老熟幼虫体长约 25 毫米，圆筒状，黄绿色；头黄褐色，缩在前胸内，前胸背板上有“八”字形黑色斑纹，背线黄绿色至浅蓝色，无枝刺，有刺毛丛；腹部各节生有 4 个毛瘤，毛丛黄色，腹末有 4 丛蓝黑色绒球状刺毛（彩图 422）。蛹卵圆形，长约 13 毫米，藏于茧内。茧椭圆形，长约 16 毫米，暗褐色似树皮状（彩图 423）。

彩图 421　褐边绿刺蛾雄成虫

彩图 422　褐边绿刺蛾幼虫

彩图 423　褐边绿刺蛾越冬虫茧

发生习性　褐边绿刺蛾在北方果区 1 年发生 1 代，南方果区 1 年发生 2 代，均以前蛹在茧内越冬，结茧场所在树干周围浅土层内或枝干上。1 代发生区 5 月中下旬开始化蛹，6 月上中旬至 7 月中旬发生成虫，6 月下旬至 9 月份为幼虫发生期，8 月份为害最重，8 月下旬至 9 月下旬幼虫陆续老熟，之后寻找适宜场所结茧越冬。2 代发生区 4 月下旬至 5 月中旬化蛹，5 月下旬至 6 月上旬羽化出成虫；第 1 代幼虫发生期为 6 ～ 7 月，7 月中下旬老熟幼虫开始化蛹，8 月上中旬出现第 1 代成虫；第 2 代幼虫 8 月下旬至 10 月中旬发生，10 月上旬后幼虫陆续老熟结茧越冬。成虫昼伏夜出，有趋光性，羽化后即可交配、产卵，卵多成鱼鳞块状产于叶背，每块有卵数十粒。低龄幼虫有群集性，稍大后分散活动为害。

防治技术

（1）**人工防治** 早春翻耕树盘，将越冬虫茧翻在土壤表面，被鸟类啄食或晒干，消灭越冬虫源。

（2）**诱杀成虫** 结合其他害虫防治，在成虫发生期内于果园中设置黑光灯或频振式诱虫灯，诱杀成虫。

（3）**适当喷药防治** 褐边绿刺蛾多为零星发生，一般果园不需单独喷药防治。少数害虫发生较重果园，在幼虫发生初期（分散为害前）及时喷药即可，每代喷药 1 次。效果较好的有效药剂同防治“黄刺蛾”药剂。

扁刺蛾

危害特点 扁刺蛾在苹果、梨、桃、李、杏、樱桃、枣、柿、核桃等多种果树上均有发生，均以幼虫食害叶片。低龄幼虫群集叶背啃食下表皮及叶肉，使被害叶呈透明筛网状；老龄幼虫分散为害，啃食叶片呈缺刻，残留主脉和叶柄，严重时把全叶吃光。

形态特征 成虫体长 13 ～ 18 毫米，翅展 28 ～ 39 毫米，体暗灰褐色，腹面及足颜色较深；雌蛾触角丝状，基部 10 多节呈栉齿状，雄蛾触角羽状；前翅从前缘顶角处向后缘斜伸一暗褐色线纹，中室上角有一黑点。卵扁平椭圆形，长约 1.1 毫米，初期淡黄绿色，后呈灰褐色。老熟幼虫体长 21 ～ 26 毫米，椭圆形，背部稍隆起似龟背形；体绿色，背有白色纵线；体两侧各有 10 个瘤状突起，上生刺毛，腹部第 4 节两侧各有 1 个红点（彩图 424）。蛹近椭圆形，体长 10 ～ 15 毫米，前端较肥大，初期乳白色，近羽化时黄褐色。茧椭圆形，长 12 ～ 16 毫米，暗褐色。

发生习性 扁刺蛾在北方果区 1 年发生 1 代，以老熟幼虫在树下浅层土内结茧越冬。翌年 5 月中旬开始化蛹，6 月上旬开始羽化，发生期很不整齐。成虫昼伏夜出，羽化后即可交尾，2 天后产卵。卵多呈块状产于叶面，卵期 7 ～ 10 天。6 月中旬至 8 月上旬均可见初孵幼虫，以 8 月份幼虫为害最重。8 月下旬后幼虫陆续老熟，之后入土结茧越冬。

防治技术 参见“褐边绿刺蛾”。

彩图 424　扁刺蛾幼虫

双齿绿刺蛾

危害特点　双齿绿刺蛾又称棕边青刺蛾，俗称“洋辣子”，在苹果、梨、桃、李、杏、樱桃、枣、核桃、柿、板栗等多种果树上均有发生，均以幼虫取食叶片进行为害。低龄幼虫群集叶背啃食下表皮及叶肉，残留上表皮，使受害叶片呈网眼状；老龄幼虫将叶片食成孔洞或缺刻，只残留主脉和叶柄，严重时将一个枝条上的叶片吃光（彩图 425）。由于幼虫带有毒刺，触及人的皮肤会导致痛痒、红肿，故俗称“洋辣子”。

彩图 425　双齿绿刺蛾低龄幼虫将叶片为害成网眼状

形态特征　成虫体长 9 ～ 11 毫米，翅展 23 ～ 26 毫米，体黄色；前翅浅绿色或绿色，基部及外缘棕褐色，外缘部分的褐色线纹呈波纹状；后翅浅黄色，外缘渐呈淡褐色；足密被磷毛；雄蛾触角栉齿状，雌蛾触角丝状（彩图 426）。

卵扁平椭圆形，长0.9～1毫米，初产时乳白色，近孵化时淡黄色。老熟幼虫体长约17毫米，略呈长筒形，黄绿色；前胸背板有1对黑斑，各体节上有4个瘤状突起，丛生粗毛；中胸、后胸及腹部第6节背面各有1对黑色刺毛，腹部末端并排有4个黑色绒球状毛丛（彩图427、彩图428）。蛹椭圆形肥大，长10毫米左右，乳白至淡黄色渐变淡褐色。茧椭圆形，暗褐色，长约11毫米。

彩图426 双齿绿刺蛾成虫

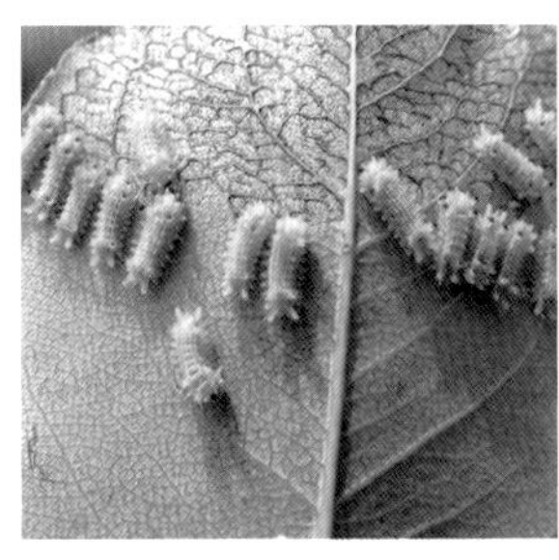

彩图427 双齿绿刺蛾低龄幼虫

彩图428 双齿绿刺蛾幼虫

发生习性 双齿绿刺蛾在北方果区1年发生1代，以老熟幼虫在树干基部、树干伤疤处、粗皮裂缝及枝杈处结茧越冬，有时几头幼虫聚集一处结茧。越冬幼虫第2年6月上旬化蛹，蛹期25天左右，6月下旬至7月上旬出现成虫。成虫昼伏夜出，有趋光性，对糖醋液无明显趋性，多产卵于叶背，每卵块数十粒。卵期7～10天。7～8月份为幼虫为害盛期。低龄幼虫群集为害叶片，老龄后分散为害。8月中下旬后幼虫陆续老熟开始结茧越冬。

防治技术

（1）**人工防治** 萌芽前刮除枝干粗皮、翘皮，杀灭在枝干上的越冬虫源。生长期发现群集幼虫，及时剪除有虫叶片，集中深埋。

（2）**诱杀成虫** 利用成虫的趋光性，在成虫发生期内于果园内设置黑光灯或频振式诱虫灯，诱杀成虫。

（3）**适当喷药防治** 双齿绿刺蛾多为零星发生，一般不需单独喷药防治。个别往年害虫发生较重果园，在低龄幼虫为害期（分散为害前）喷药1次即可。常用有效药剂同“黄刺蛾”防治有效药剂。

茶翅蝽

危害特点 茶翅蝽俗称“蝽象”“臭大姐”“臭板虫”，在苹果、梨、桃、李、

彩图 429　茶翅蝽成虫

杏、枣等果树上均有发生，均以成虫和若虫刺吸为害果实为主，苹果整个生长期均可受害。果实受害处表面凹陷，内部组织木栓化细胞增多，局部停止生长，果实变硬、畸形，甚至不堪食用。

形态特征　成虫体长 15 毫米左右，宽约 8 毫米，体扁平椭圆形，茶褐色，前胸背板、小盾片和前翅革质部有黑色刻点，前胸背板前缘横列 4 个黄褐色小点，小盾片基部横列 5 个小黄点，两侧斑点明显（彩图 429）。卵短圆筒形，直径 0.7 毫米左右，周缘环生短小刺毛，初产时乳白色，近孵化时黑褐色。若虫分为 5 龄，初孵若虫近圆形，体为白色，后变为黑褐色；腹部淡橙黄色，各腹节两侧节间有一长方形黑斑，共 8 对；老龄若虫与成虫相似，无翅。

发生习性　茶翅蝽在华北地区 1 年发生 1 ～ 2 代，以受精雌成虫在果园内外的墙缝、石缝、草堆、树洞等隐蔽场所越冬。翌年 4 月中下旬开始出蛰，5 月中下旬开始陆续转移到果园内为害。越冬代成虫寿命较长，平均为 301 天，最长可达 349 天。成虫多在苹果叶片背面产卵，初孵若虫先静伏在卵壳上面或周围，3 ～ 5 天后分散为害。7 月上中旬后陆续出现成虫，发生早的很快交尾产卵，产生第 2 代；8 月中旬以后羽化的成虫只能发生 1 代。10 月份后，成虫陆续寻找隐蔽场所开始越冬。

防治方法

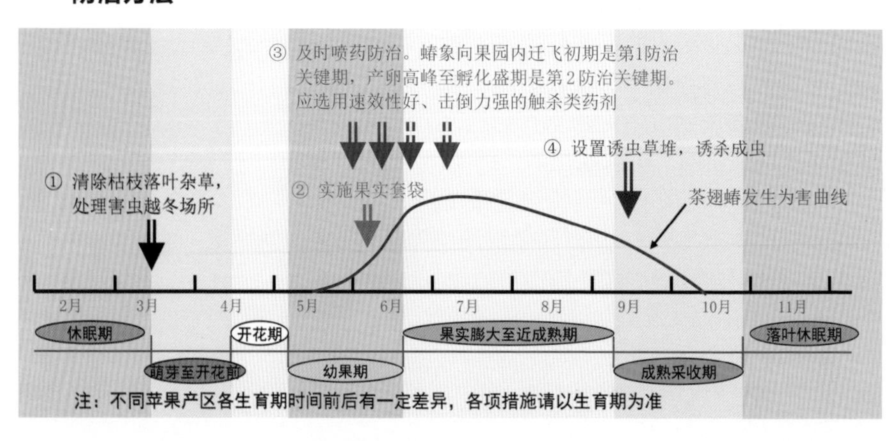

（1）**人工防治**　秋季在果园内设置草堆（特别是在果园内小房的南面），诱集成虫越冬，进入冬季后集中烧毁。苹果发芽前，彻底清除果园内的枯枝落叶、杂草等，集中深埋或烧毁，破坏害虫越冬场所，消灭越冬害虫。尽量果实套袋，利用果袋防止果实受害。

（2）**及时喷药防治** 茶翅蝽药剂防治的关键是喷药时间和有效药剂。首先，在蝽象迁飞至果园的初期进行喷药，大果园也可只喷洒外围果树，阻止害虫进园，7～10天1次，连喷2～3次。其次，在产卵高峰期至若虫孵化盛期及时喷药。有效药剂最好选用速效性好、击倒力强的药剂。效果较好的药剂有：48%毒死蜱乳油1200～1500倍液、40%毒死蜱可湿性粉剂1000～1200倍液、90%灭多威（快灵）可溶性粉剂3000～4000倍液、24%灭多威水剂800～1000倍液、52.25%氯氰·毒死蜱乳油1500～2000倍液、4.5%高效氯氰菊酯乳油或水乳剂1500～2000倍液、5%高效氯氟氰菊酯乳油3000～4000倍液、20%甲氰菊酯乳油1500～2000倍液等。在药液中混加有机硅类等农药助剂，可显著提高杀虫效果。

麻皮蝽

危害特点 麻皮蝽俗称"蝽象""臭大姐""臭板虫"，在苹果、梨、桃、李、杏、枣等果树上均有发生，均以成虫和若虫主要刺吸为害果实，果实整个生长期均可受害。果实受害处表面凹陷，内部组织木栓化细胞增多，局部停止生长，果面凹凸不平，果实变硬、畸形，丧失商品价值。

形态特征 麻皮蝽成虫体长20～25毫米，宽10～11.5 毫米，体黑褐色，密布黑色刻点及细碎不规则黄斑；头部狭长，头部前端至小盾片有1条黄色细中纵线；触角5节黑色；喙浅黄色4节，末节黑色，达第3腹节后缘；前胸背板前缘及前侧缘具黄色窄边；胸部腹板黄白色，密布黑色刻点（彩图430）。卵灰白色，块状，略呈圆柱形，顶端有盖，周缘具刺毛。若虫各龄均呈扁洋梨形，前端尖削后部浑圆，老龄体长约19 毫米，似成虫（彩图431）。

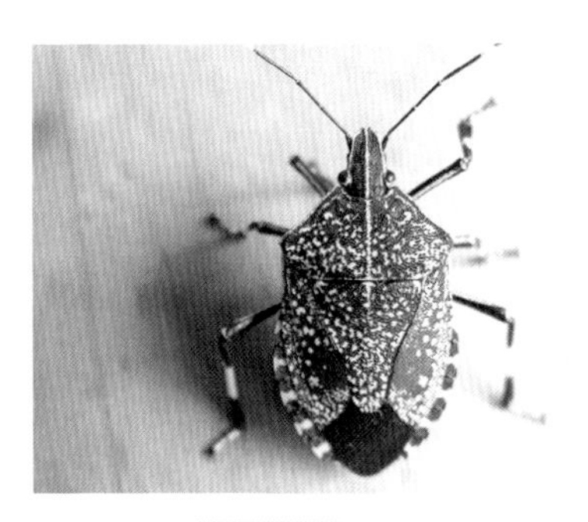

彩图430 麻皮蝽成虫

彩图431 麻皮蝽若虫

发生习性 麻皮蝽在北方果区1年发生1代，以成虫在枯枝落叶下、草丛中、树皮裂缝、梯田堰坝缝、围墙缝等处越冬。翌年果树萌芽后逐渐开始出蛰活动，先在其他寄主植物上为害，5月中旬左右开始进入果园。成虫5月中下旬开始交尾产卵，6月上旬为产卵盛期，卵多成块状产于叶背。6月初逐渐见到若虫，初龄若虫常群集叶背，2～3龄才分散活动。7～8月间羽化为成虫。成虫飞翔力强，喜于树体上部栖息为害，有假死性，受惊扰时会喷射臭液。

防治方法 以人工防治与药剂防治相结合，具体措施同“茶翅蝽”。

白星花金龟

危害特点 白星花金龟又称白星花潜，俗称“金龟子”，在苹果、梨、桃、李、杏、樱桃、葡萄等果树上均有发生，主要以成虫啃食芽嫩尖、嫩叶、花器及果实。将嫩尖吃光，嫩叶、花器被咬成缺刻，或花器组织被吃光，果实受害被啃成孔洞（彩图432）。

彩图432 白星花金龟成虫咬食幼果

形态特征 成虫椭圆形，体长17～24毫米，宽9～12毫米，全体黑铜色，具古铜色或青铜色光泽，体表散布许多不规则白绒斑；唇基前缘向上折翘，两侧具边框，外侧向下倾斜；前胸后缘中凹，前胸背板后角与翅鞘前缘角之间有1个显著的三角形小盾片，即中胸后侧片；鞘翅宽大，近长方形，遍布粗大刻点，白绒斑多为横向波浪形；臀板短宽，每侧有3个呈三角形排列的白绒斑；足较粗壮，膝部有白绒斑，各足跗节顶端有2个弯曲爪（彩图433）。卵圆形或椭圆形，长1.7～2毫米，乳白色。幼虫体长24～39毫米，常弯曲呈“C”形，俗称“蛴螬”；头部黄褐色，腹末节大，肛腹片上有两纵列刺毛，每行刺毛19～22根，排列成倒“U”字形。蛹体长20～23毫米，初期白色，渐变为黄褐色。

彩图433 白星花金龟成虫

发生习性 白星花金龟1年发生1代，以幼虫在土壤中或秸秆沤制的堆肥中越冬。翌年3月开始活动，4月下旬及5月上中旬为害粮油作物种子及幼苗，5月上旬出现成虫，6～7月为发生盛期。成虫白天活动，有假死性，对酒、醋味有趋性，飞翔力很强，常群聚为害。产卵于土壤中。幼虫（蛴螬）多以土壤中或沤制堆肥中的腐败物为食，一般不为害植物。

防治技术

（1）**农业防治** 利用成虫的假死性，在成虫发生初盛期，于清晨温度较低时振落捕杀。利用成虫的趋化性进行糖醋液诱杀，糖醋液配制比例为红糖：醋：酒：水＝5：3：1：12，诱集成虫于每天傍晚收集杀死。

（2）**适当喷药防治** 金龟子为害较重时，可在苹果开花前喷药防治1次；如果虫量较大，落花后也可再喷药1次。最好选用击倒能力强、速效性快、安全性好的药剂。效果较好的药剂有：48%毒死蜱乳油1200～1500倍液、50%马拉硫磷乳油1200～1500倍液、50%辛硫磷乳油1000～1200倍液、90%灭多威可溶性粉剂3000～4000倍液、5%高效氯氟氰菊酯乳油3000～4000倍液、20%甲氰菊酯乳油1500～2000倍液、52.25%氯氰·毒死蜱乳油1500～2000倍液等。若在药液中混加有机硅类等农药助剂，可显著提高杀虫效果。

苹毛丽金龟

危害特点 苹毛丽金龟又称苹毛金龟子，俗称“金龟子”，在苹果、梨、葡萄、桃、李、杏、樱桃等果树上均有发生，主要以成虫为害花器、嫩芽及嫩叶，靠近山地果园受害较重，轻者造成减产，重者造成全园绝收。在苹果开花盛期，成虫食害花蕾，将花瓣咬成缺刻，并食去花丝和柱头，影响开花坐果（彩图434）。嫩芽、嫩叶受害，被食成孔洞或缺刻，严重时将嫩芽吃光。

形态特征 成虫卵圆形至长卵圆形，体长约10毫米，宽约5毫米，除鞘翅和小盾片外全体密被黄白色茸毛；头、胸部古铜色，有光泽；鞘翅茶褐色，半透明，有淡绿色光泽，上有纵列成行的细小刻点，从鞘翅上可透视出后翅折叠成“V”字形；腹部末端露出鞘翅。卵椭圆形，长1.5毫米，初乳白色渐变米黄色，表面光滑。老熟幼虫体长15毫米左右，头部黄褐色，胸、腹部乳白色；头部前顶刚毛每侧7～8根，呈一纵列。蛹长卵圆形，长约13毫米，初期黄白色，渐变为黄褐色。

彩图 434　苹毛丽金龟成虫为害花器

发生习性　苹毛丽金龟 1 年发生 1 代，以成虫在土壤中越冬。翌年 3 月下旬开始出土为害，4 月中旬至 5 月上旬为害最盛，成虫发生期 40 ～ 50 天。成虫为害约 1 周后交尾产卵，卵多产于 9 ～ 25 厘米深的土层中，卵期 20 ～ 30 天。1 ～ 2 龄幼虫在 10 ～ 15 厘米的土层内生活，3 龄后开始下移至 20 ～ 30 厘米左右的土层中化蛹，整个幼虫期 60 ～ 80 天。8 月中下旬为化蛹盛期，9 月上旬开始羽化为成虫，成虫羽化后在深层土壤中越冬。成虫有假死性，无趋光性，气温较高时多在树上过夜，气温较低时潜入土中过夜，喜食花器组织。

防治技术

（1）**人工防治**　利用成虫的假死性，在成虫发生期内于早晨或傍晚振树捕杀，树下铺设塑料布接虫，集中消灭。

（2）**土壤表面用药**　金龟子发生较重果园，在苹果萌芽期，对树下土壤表面用药，杀灭成虫。一般每亩使用 15% 毒死蜱颗粒剂 0.5 ～ 1 千克或 5% 辛硫磷颗粒剂 2 ～ 3 千克，均匀撒施于地面，而后浅耙表层土壤；或使用 50% 辛硫磷乳油 300 ～ 400 倍液或 48% 毒死蜱乳油 500 ～ 600 倍液，均匀喷洒地面，将表层土壤喷湿，然后耙松表土层。持效期可达1个月左右。

（3）**适当树上喷药防治** 金龟子为害严重时，可在萌芽期至开花前喷药防治1～2次。以早晚喷药效果最好，但要选用击倒能力强、速效性快、安全性好的药剂。若在药液中混加有机硅类等农药助剂，可显著提高杀虫效果。效果较好的有效药剂同“白星花金龟”。

黑绒鳃金龟

危害特点 黑绒鳃金龟又称黑绒金龟、黑玛绒金龟、东方金龟子，在苹果、梨、桃、李、杏、樱桃、葡萄、枣等果树上均有发生，主要以成虫食害花芽、花蕾、嫩叶等，将叶片、花瓣食成缺刻或孔洞，将花器食成残缺不全，影响开花坐果，严重发生时将全株叶片、花芽吃光，幼树受害较重（彩图435）。另外，幼虫在地下为害根部组织，导致树势衰弱。

形态特征 成虫椭圆形，棕褐色至黑褐色，体长6～9毫米，宽3.5～5.5毫米，密被灰黑色绒毛，略具光泽，触角9节，鳃叶状；前胸背板较宽，约为长的2倍；鞘翅上有9条纵刻点沟，密布绒毛，呈天鹅绒状；臀板三角形，宽大有刻点；腹部光滑；前足胫节外缘2齿，跗节下有刚毛；后足胫节狭厚，跗节下无刚毛（彩图436）。卵椭圆形，长约1.2毫米，初乳白色渐变灰白色。幼虫乳白色至黄白色，体长14～16毫米，头部黄褐色，体表被有黄褐色细毛。蛹长8～9毫米，初黄色，后变黑褐色。

发生习性 黑绒鳃金龟1年发生1代，以成虫在土壤中越冬。翌年4月份成虫开始出土，4月下旬至6月中旬进入盛发期，以雨后出土数量较多。5～7

彩图435 黑绒鳃金龟啃食的花蕾

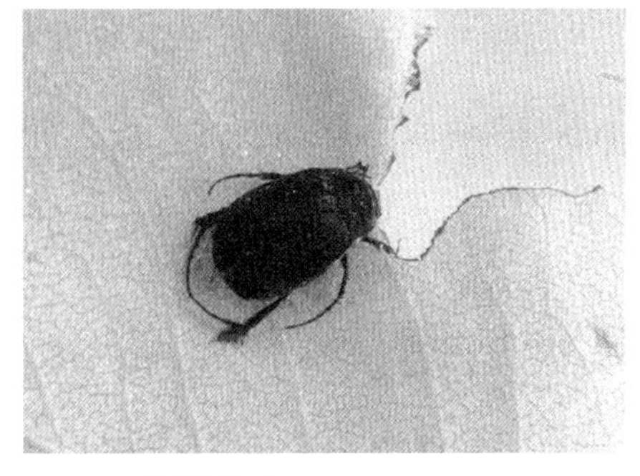

彩图436 黑绒鳃金龟成虫

月交尾产卵，卵多产在10厘米深土层内，卵期10天左右。成虫出土后即上树为害花芽、嫩叶、花蕾及花器，在傍晚上树取食为害、觅偶交配，夜间气温下降后又潜入土中。成虫飞翔力强，有趋光性和假死性，振动树枝即落地假死不动。成虫寿命70～80天。幼虫孵化后，在土壤中以腐殖质和植物嫩根为食，幼虫期70～100天，老熟后在20～30厘米土层中做土室化蛹。蛹期约10天，成虫羽化后在土中越冬。

防治技术

（1）**人工防治** 利用成虫的假死性和趋光性，在成虫发生期的傍晚进行振树捕杀；或在果园内设置黑光灯或频振式诱虫灯，诱杀成虫。

（2）**地面药剂防治** 利用成虫傍晚上树、深夜入土潜伏的习性，在成虫发生期内进行地面用药，毒杀成虫。详见“苹毛丽金龟”。

（3）**适当树上喷药** 金龟子发生严重果园，在成虫发生期内（开花前后）树冠喷药，以傍晚喷药效果较好，且应选用击倒力强的触杀型安全性杀虫剂。效果较好的有效药剂同“白星花金龟”。如果树冠喷药与地面用药相结合，效果更好。

小青花金龟

危害特点 小青花金龟又称小青花潜、银点花金龟、小青金龟子，在桃苹果、梨、李、杏、樱桃、葡萄、山楂等果树上均有发生，主要以成虫食害嫩芽、花蕾、幼叶、花器及果实等。将嫩芽食成缺刻或吃光，影响发芽；将花蕾咬成孔洞，将花瓣食成缺刻或吃光，将花蕊吃光，影响坐果；将嫩叶食成缺刻或孔洞；将近成熟果食成孔洞，丧失经济价值。另外，幼虫在土中还可为害根系组织，导致树势衰弱或幼树死亡（彩图437）。

彩图437 小青花金龟幼虫为害树茎基部皮层

形态特征 成虫长椭圆形稍扁，长11～16毫米，宽6～9毫米，暗绿色、绿色、古铜色微红及黑褐色，体色变化较大；胸部背面和前翅密被黄色绒毛及刻点，并有灰白色或白色绒斑；头部黑色，触角鳃叶状、黑色；前胸背板半椭圆形，前缘窄，后缘宽，小盾片三角形；鞘翅狭长，侧

彩图 438　小青花金龟成虫

彩图 439　小青花金龟幼虫

缘肩部外凸；腹面黑褐色，密生黄色短绒毛；臀板宽短，近半圆形，具 4 个白绒斑横列；足黑色（彩图 438）。卵椭圆形，长约 1.7 毫米，初乳白色渐变淡黄色。幼虫体长 32 ～ 36 毫米，头宽 2.9 ～ 3.2 毫米，身体弯曲，乳白色，头部棕褐色或暗褐色，上颚黑褐色，臀节肛腹片后部生长短刺状刚毛，胸足发达，腹足退化，俗称“蛴螬”（彩图 439）。蛹长 14 毫米，初淡黄白色，后变橙黄色。

发生习性　小青花金龟 1 年发生 1 代，以成虫在土壤中越冬，或以老熟幼虫在土壤中越冬。以幼虫越冬者于早春化蛹、羽化。果树开花期出现成虫，4 月上旬至 6 月上旬为成虫发生期，5 月上中旬进入盛期。成虫先为害桃、李、杏、樱桃等早花果树的花器、芽及嫩叶，然后逐渐转移到苹果、梨等果树上为害。成虫白天活动，尤以中午前后气温高时活动旺盛，有群集为害习性，飞行力强，具假死性，夜间入土潜伏或在树上过夜，经取食后交尾、产卵。成虫 5 月份开始产卵，持续至 6 月上中旬，卵散产在土中、杂草或落叶下。幼虫孵化后先以腐殖质为食，长大后为害根部、根颈部，老熟后在浅土层中化蛹。成虫羽化后不出土，即在土中越冬。

防治技术

（1）**人工防治**　利用成虫早晨不太活动及具有假死性的习性，早晨振树捕杀。

（2）**适当药剂防治**　成虫发生量较大的果园，在果树花蕾期地面用药及树上喷药防治，树上喷药以傍晚进行效果最好。具体措施详见“苹毛丽金龟”。

大青叶蝉

危害特点　大青叶蝉又称青叶蝉，大绿浮尘子，在苹果、梨、桃、李、杏、樱桃、葡萄、枣、核桃、柿等多种果树上均有发生，主要以成虫产卵为害枝条，也可以成虫、若虫刺吸汁液为害。成虫产卵时用产卵器刺破枝条表皮，在皮下产卵，使枝条表面产生许多月牙形疱疹状突起；翌年春天卵孵出若虫后撑破树表皮，造成许多半月形伤口，使枝条易失水、干枯（彩图440、彩图441）。以幼树和苗木受害最重，是西北果区冬季易受冻害、春季易发生“抽条”的主要原因之一。另外，成虫、若虫刺吸汁液，常导致树势衰弱。

彩图440 大青叶蝉在枝条上产卵为害状

彩图441 大青叶蝉卵孵化后遗留的产卵伤口

形态特征 雌成虫体长9.4～10.1毫米，头宽2.4～2.7毫米；雄成虫体长7.2～8.3毫米，头宽2.3～2.5毫米；头部正面淡褐色，两颊微青，在颊区近唇基缝处左右各有1块小黑斑；触角窝上方、两单眼之间有1对黑斑；复眼绿色；前胸背板淡黄绿色，后半部深青绿色；小盾片淡黄绿色，中间横刻痕较短，不伸达边缘；前翅绿色带有青蓝色光泽，端部透明，翅脉青黄色，具有狭窄的淡黑色边缘；后翅烟黑色，半透明；腹部背面蓝黑色，胸、腹部腹面及足为橙黄色（彩图442）。卵长卵圆形，长1.6毫米，宽0.4毫米，白色微黄，稍弯曲，一端稍细，表面光滑（彩图443）。初孵若虫白色，微带黄绿，头大腹小，复眼红色，体色2～6小时后渐变淡黄、浅灰或灰黑色；3龄后出现翅芽；老熟若虫体长6～7毫米，头冠部有2个黑斑，胸背及两侧有4

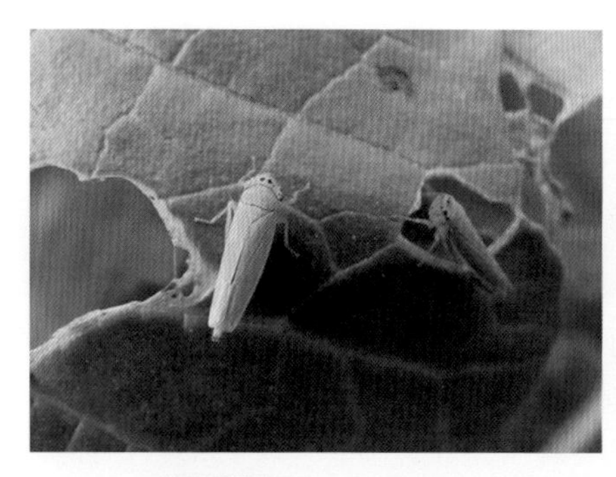

彩图442 大青叶蝉成虫

彩图443 大青叶蝉卵

条褐色纵纹直达腹端。

发生习性 大青叶蝉1年发生3代，以卵在果树枝条或苗木的表皮下越冬。翌年果树萌芽至开花前孵化出若虫，若虫迁移到附近的杂草或蔬菜上为害。第1、2代主要为害蔬菜、玉米、高粱、麦类及杂草，第3代为害晚秋作物如薯类、豆类、蔬菜等，这些作物收获后又转移到白菜、萝卜上为害，10月中下旬成虫迁飞到果树上产卵越冬。夏卵期9～15天，越冬卵长达5个月左右。

防治技术

（1）**农业防治** 幼树果园不要间作白菜、萝卜、胡萝卜、甘薯等多汁晚熟作物，如已间作这些作物，应在9月底以前收获，切断大青叶蝉向果树上迁移的桥梁。另外，及时清除果园内杂草，最好在杂草种子成熟前翻于树下，作为肥料。

（2）**树干涂白** 幼树果园在成虫产卵越冬前主干涂白，阻止成虫产卵。涂白剂配方为：生石灰∶粗盐∶石硫合剂∶水＝25∶4∶（1～2）∶70，涂白液中也可加入少量杀虫剂。

（3）**发芽前喷药** 果树上越冬卵量较多时，结合其他害虫防治在果树发芽前喷洒1次铲除性杀虫剂，杀灭越冬虫卵，压低越冬虫量。以淋洗式喷雾效果最好。效果较好的有效药剂有：3～5波美度石硫合剂、45%石硫合剂晶体50～70倍液、48%毒死蜱乳油800～1000倍液等。

（4）**生长期适当喷药** 幼树果园或山地果园，在虫量发生较多时，于10月上中旬成虫产卵前及时喷药防治成虫，喷药1次即可，并注意喷洒果园周围及果园内的杂草。效果较好的有效药剂有：48%毒死蜱乳油1000～1500倍液、40%马拉硫磷乳油1000～1200倍液、4.5%高效氯氰菊酯乳油1500～2000倍液、5%高效氯氟氰菊酯乳油3000～4000倍液、2.5%溴氰菊酯乳油1500～2000倍液等。

蚱蝉

危害特点 蚱蝉又称黑蚱蝉、黑蝉，俗称“知了”，在苹果、梨、桃、李、杏、樱桃、枣、山楂、葡萄等多种果树上均有发生，主要以成虫在枝条上产卵进行为害。成虫产卵时，用锯状产卵器刺破1年生枝条的表皮和木质部，于伤口处产卵，表皮呈斜线状翘起，之后被害枝条逐渐枯死（彩图444）。另外，成虫还可刺吸嫩枝汁液，幼虫在土中刺吸根部汁液，导致树势衰弱。

彩图 444　蚱蝉为害造成枝梢枯死

形态特征　成虫体长 44 ～ 48 毫米，翅展约 125 毫米，体黑色，有光泽，被黄褐色稀疏绒毛，复眼大，黑色，单眼 3 个，黄褐色，排成三角形，触角刚毛状；中胸发达，背部隆起，背板有 2 个红褐色锥形斑；翅透明，翅脉黄褐色至黑色；雄虫腹部第 1、2 节腹面有 2 个耳形片状发音器，雌虫腹部末端有发达的锯状产卵器（彩图 445）。卵梭形，腹面稍弯曲，乳白色，长约 2.5 毫米（彩图 446）。若虫老熟时体长约 35 毫米，黄褐色，体壁较坚硬；前足发达，适于掘土，称为开掘足；前胸背板缩小，中胸背板膨大，胸部两侧有发达的翅芽，蜕皮后发育为成虫（彩图 447、彩图 448）。

彩图 445　蚱蝉成虫

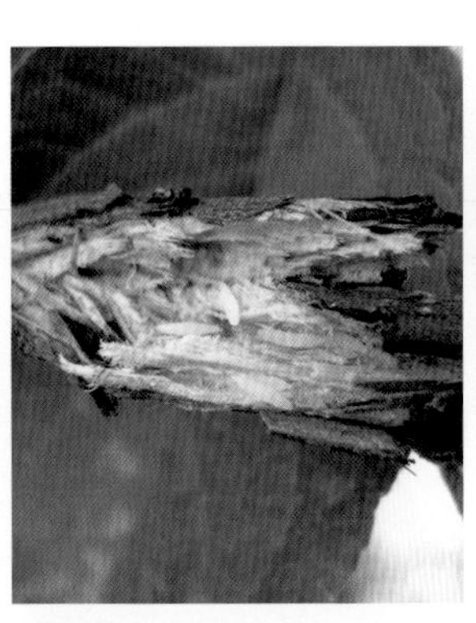

彩图 446　蚱蝉产在嫩枝内的卵

彩图 447　蚱蝉若虫

彩图 448　蚱蝉羽化后的蝉蜕

发生习性　蚱蝉 4 ～ 5 年完成 1 代，以卵在枝条上和若虫在土壤中越冬。越冬卵孵化后若虫钻入土中，在土中刺吸树木根部汁液生活；秋后转移至深层土中越冬，来年春暖时节又回到浅土层中取食。若虫老熟后，多于 6 月份开始从土中钻出。出土前先在土表掘一小孔，待傍晚时钻出。若虫出土后多爬到树木枝干上，于第二天清晨羽化为成虫。初羽化成虫乳白色，翅柔软，2 ～ 3 小时后翅全部展开，虫体变黑。每次降雨后或果园灌水后均有大量若虫出土。成虫寿命 60 ～ 70 天，趋光性很强，飞翔能力强。7 月下旬成虫开始产卵，8 月份为产卵盛期。卵多产在直径为 4 ～ 5 毫米的当年生枝条上，一个产卵枝条呈螺旋状排列有多个产卵槽，每一产卵槽内产卵 6 ～ 8 粒，斜竖排列。枝条被产卵后，很快枯萎。卵即在枝条内越冬，翌年 6 月份孵化。

防治技术

（1）**人工防治**　结合修剪，彻底剪除产卵枝条，集中烧毁，或用于人工繁养。由于成虫飞翔能力强，且为 4 ～ 5 年完成 1 代，所以该项措施必须连续多年大范围协同防治才能收到明显效果。另外，在若虫出土盛期或降雨后，每天傍晚在树下捕杀若虫。

（2）**堆火诱杀**　在成虫盛发期，于夜晚在树木空旷地点火，然后摇动树干，利用成虫趋光性进行诱杀。

参考文献

REFERENCES

[1] 浙江农业大学，四川农业大学，河北农业大学，山东农业大学，等. 果树病理学. 北京：农业出版社，1992.

[2] 北京农业大学，华南农业大学，福建农学院，河南农业大学. 果树昆虫学（下册）. 北京：农业出版社，1990.

[3] 吕佩珂，庞震，刘文珍. 中国果树病虫原色图谱. 北京：华夏出版社，1993.

[4] 河北省粮油食品进出口公司. 梨·苹果病虫害防治. 石家庄：河北科学技术出版社，1989.

[5] 冯明祥，王国平. 苹果梨山楂病虫害诊断与防治原色图谱. 北京：金盾出版社，2006.

[6] 王金友. 苹果病虫害防治. 北京：金盾出版社，1992.

[7] 谌有光，王春华. 原色苹果病虫害防治. 杨陵：天则出版社，1990.

[8] 王江柱，解金斗. 苹果高效栽培与病虫害看图防治. 北京：化学工业出版社，2011.

[9] 王江柱，徐建波. 苹果主要病虫草害防治实用技术指南. 长沙：湖南科学技术出版社，2010.

[10] 王江柱，侯保林. 苹果病害原色图说. 北京：中国农业大学出版社，2001.

[11] 王江柱主编. 农民欢迎的200种农药. 北京：中国农业出版社，2009.

[12] 宋清，王素侠，等. 苹果炭疽菌叶枯病的研究初报，落叶果树，2012，44（2）：29－30.

[13] 于景波. 苹果金象的发生规律及防治的研究. 当代生态农业，2011，（3，4）：100－101.

[14] 王中武. 苹果金象生物学特性及防治技术. 北方园艺，2009，（2）：171.